KB191277

머니IQ가
쑥쑥 자라는
경제
놀이

신효연(금융팔로미) 지음

머니IQ가 쑥쑥 자라는 경제 놀이

4~9세 놀면서
배우는 우리 아이
첫 돈 공부

FIKA

"엄마는 월급이 얼마예요?" 어느 날 아이가 물었습니다. 저는 프리랜서라 조금 더 정확히 말하면 평균 월 소득이 맞을 겁니다. 4세밖에 되지 않은 아이가 한 질문이라고 하면 놀랄 분도 계시겠지만, 케임브리지대학교 연구에 따르면 약 4~5세 때부터 돈의 개념을 알 수 있다고 하니 자연스러운 것이었습니다. 아이의 질문에 솔직하게 저의 소득을 알려주었습니다. 그리고 아이가 아직 돈의 많고 적음을 정확히 알지는 못하지만, 돈이 있다고 해서 원하는 걸 모두 가질 수 없다는 것도 알려주었습니다. 그 덕분일까요? 그 뒤로 아이는 마트에서 집은 좋아하는 과자 중 몇 개는 내려놓을 줄 알게 되었고, 뽑기 놀이도 두 번만 하고 스스로 멈출 줄 알게 되었습니다.

대학에서 경영학을 전공하고 금융기관에서 연구원으로 오랫동안 근무하면서 경제와 금융에 대해 상대적으로 깊은 이해를 하게 되었습니다. 경제 교육 전문가이자 크리에이터가 되어 다양한 분들과 소통해보니 생각보다 많은 분들이 경제와 금융에 대한 교육을 제대로 받지 못했다는 걸 알게 되었습니다. 아이뿐 아니라 사회생활을 하고 경제 활동을 하는 성인들도 경제에 문외한인 경우가 많았던 겁니다. 한국이 금융문맹이라는 말을 실감했습니다.

부모가 되어 보니 아이들에게 경제 교육은 더욱 중요하다고 느낍니다. 하지만 어디서부터 어떻게 시작해야 할지 경제 전문가인 저도 쉽지는 않습니다. "우리 집은 돈이 많아요?", "나는 왜 영어 유치원에 다니지 않아요?" 아이들의 이런 질문에 부모로서 어떤 대답을 해야 할지 몰라 말문이 막힐 때도 있습니다. 하지만 이때 "애들은 그런 거 몰라도 돼"라고 대답하는 것은 적절하지 않습니다. 그렇다면 어떤 대답이 좋을까요? 물론 연령에 따라 다르겠지만, 아이가 이런 질문을 처음 했다면 대략적인 상황이라도 이야기해주는 것이 좋습니다. 아이와 가정의 보유 자산을 다 공유할 필요는 없지만, "우리 가족은 한 달에 이 정도 돈을 쓰고 있단다"라고 알려주고, 좀 더 크면 자세히 알려주겠다고 하면 됩니다.

일반적으로 경제 교육을 시작하기에 적절한 나이는 4세입니다. 이 시기에 아이들은 기본적인 경제 개념을 이해할 수 있는 인지적·언어적 능력을 갖추게 됩니다. 실제로 4세인 제 아이만 보더라도 이미 돈에 대한 이해가 충분합니다. 물론 수학적 사고는 아직 완벽하지 않지만, 경제적 가치와 관련된 교육은 가능합니다.

저는 아이가 3세가 되었을 때부터 조금씩 경제 교육을 시작했습니다. 경제 교육이라고 해서 무작정 아이를 책상에 앉혀놓고 돈이라는 게 무엇인지 가르치는 게 아닙니다. 저는 일상생활에서 아이에게 돈이 어떻게 사용되는지, 어떤 상황에서 어떻게 절약하는 것이 좋은지 등을 알려줍니다. 예를 들어, 저축의 중요성을 설명할 때, "지금 사탕을 사지 않고 돈을 모으면 나중에 장난감을 살 수 있어"라는 식으로 구체적인 예시를 들어서 이야기해줍니다. 이렇게 접근하면 아이가 어렵지 않게 저축의 개념을 이해하고, 더불어 미래를 계획하는 능력까지 키울 수 있습니다.

4~9세 아이들에게 경제 교육은 단순한 이론이 아닌 실생활에서 본인이 직접 경험하는 놀이형 교육이 좋습니다. 돈은 숫자로만 존재하는 것이 아닙니다. 아이들이 돈을 단순한 숫자로 인식하는 것을 넘어서, 그 기능과 가치를 제대로 이해하도록 하는 것이 중요합니다. 돈으로 무엇을 할 수 있으며, 왜 절약을 해야 하는지, 어떻게 쓰는 것이 좋은지 아이들이 스스로 판단할 수 있도록 하는 것이 이 시기 경제 교육의 목적입니다.

누군가는 아이에게 일찍 돈을 가르치는 것이 아이를 물질주의에 빠뜨릴 수 있다고 우려합니다. 하지만 생각보다 아이들은 어릴 적부터 돈과 가깝게 생활합니다. 부모와 함께 마트에 가서 물건을 사거나 식당에 가서 외식을 하는 것, 다른 어른들에게 용돈을 받거나 키즈카페를 가거나 영화관에 가서 좋아하는 애니메이션을 보는 등, 이 모든 것이 이미 경제 활동입니다. 그러니 경제 교육은 빠르면 빠를수록 좋습니다.

유아부터 시작하는 경제 교육은 우리 아이들의 미래를 밝히는 중요한 투자입니다. 아이들이 돈의 가치를 알고, 올바른 경제 관념과 소비 습관을 가지며, 나아가 경제적으로 독립할 수 있는 능력을 키우는 것은 우리 모두가 지향해야 할 목표입니다. 지금 시작하는 경제 교육이 분명 아이들의 경제적 독립과 성공, 더불어 전반적인 삶의 질을 향상시키는 중요한 밑거름이 될 것입니다.

아이들이 더 높고 넓은 꿈을 가지길 바라며

신효연

경제 개념, 소비 습관,
돈 관리법까지 배우는
쉽고 재미있는 경제 놀이

STEP 1   돈이란 무엇일까요?

STEP 4 돈은 어떻게 관리할까요?

1부

이론편

조기 경제 교육으로
머니IQ를 키우는
우리 아이 첫 번째
경제 수업

우리 아이
돈 공부가 필요할까요?

부모가 놓치고 있는
가장 중요한 교육

아이를 키우는 부모로서 자녀 양육의 목표에 대해 많은 생각을 합니다. 아이를 키운다는 것은 우리 아이가 자신의 삶을 스스로 책임질 수 있도록 돕는 것입니다. 이를 위해서 성인이 되기 전까지 부모와 함께하는 시간 동안 아이에게 필요한 기술과 지식을 가르쳐주고, 그것을 바탕으로 아이 스스로 결정을 내리며, 자신의 결정에 책임을 다하도록 해주어야 합니다. 여기까지는 모든 부모님들이 저와 같은 생각을 하고 공감하실 겁니다. 그런데 부모가 알려주어야 하는 수많은 것 중에 많은 부모님이 놓치고 있는 것이 있습니다. 바로 '돈', '경제'입니다. 이유를 들어보면 다음과 같은 몇 가지로 나뉩니다.

• **돈에 대한 지식의 부족**

부모도 돈과 경제에 대한 지식이 부족하여, 자녀에게 경제 교육하는 것을 어려워합니다.

• **돈에 대한 부정적인 경험**

많은 빚을 지고 있거나, 돈 때문에 가정 내 불화가 있는 등 부모가 돈에 대한 부정적인 경험이 있는 경우, 자녀에게 경제 교육하는 것을 꺼립니다.

• **경제 교육이 필요하지 않다는 생각**

아이가 어려서 돈, 경제에 대해서 가르쳐도 이해할 수 없거나 실천하기 어렵다고 생각합니다. 하지만 이건 부모들이 하는 착각입니다.

이 밖에도 경제 교육을 본격적으로 하지 않는 데는 더 다양한 이유가 있을 것입니다. 경제 공부보다 당장 더 급한 것이 있다거나, '돈돈'거리는 모습을 아이에게 보여주고 싶지 않은 부모도 있습니다. 하지만 경제 교육은 아이의 미래를 위해 아주 중요한 교육입니다. 특히 돈을 인식하기 시작하는 4세부터 시작하는 것이 좋습니다. 가르쳐야 할 것이 너무나 많은 4세부터 9세까지의 아이들에게 경제 교육이 왜 이렇게 중요할까요?

자본주의 사회에서 그 본질인 돈은 매우 중요합니다. 돈은 자본주의 사회의 기본적인 교환 수단이며, 경제 활동의 원동력입니다. 우리 아이가 살아갈 앞으로의 미래 사회는 지금보다 더하면 더했지 결코 덜하지는 않을 것입니다. 그런 사회를 살아가야 하는 우리 아이가 돈의 'ㄷ' 자도 모르는 금융문맹인으로 성장하는 것을 바라지 않는다면, 경제 교육은 필수입니다.

우리 아이의
머니IQ

"문맹은 생활을 불편하게 하지만, 금융문맹은 생존을 불가능하게 만든다"라는 말이 있습니다. 2008년 글로벌 금융 위기를 겪은 후 전 세계적으로 경제 교육의 중요성에 대한 목소리가 커졌습니다. 그런데 어쩐지 우리나라는 점점 더 뒤떨어지고 있습니다. 세계적으로 교육열이 가장 높은 데도 국영수에 집중하느라 경제 교육은 뒷전에 두는 것입니다.

멀리 안 가고 당장 부모만 보더라도 금융문맹이 많습니다. 경제 활동은 하지만, 돈을 어떻게 쓰고 관리해야 하는지 모르는 사람들 말입니다. 그도 그럴 것이 우리는 어릴 적부터 돈을 좋아하는 건 부끄러운 일이고, 투자하는 건 두렵고 무모한 일이며, 저축만이 살길이고 그게 가장 현명한 투자라는 교육을 받고 자랐습니다. 하지만 이제는 시대가 많이 달라졌습니다. 자본주의 사회에서는 어릴 때부터 아이들에게 돈에 대한 올바른 인식과 관념을 심어줘야 합니다.

돈을 다루는 것에 얼마나 능숙한가를 '머니IQ'라고 부릅니다. 돈을 잘 다룬다는 것은 단순히 돈을 잘 쓰거나 아껴 쓰는 걸 의미하는 것이 아닙니다. 자신에게 있는 돈으로 적절한 예산을 짜고, 이것을 관리하고 결정하는 능력입니다. 이런 능력을 어릴 때부터 교육받은 아이는 자연스레 자기주도성을 가지고, 계획하고 성취하는 경험을 통해 높은 자존감과 자신감을 얻게 됩니다. 실제로 머니IQ가 높은 아이들은 '자기주도성', '자존감'과 '자신감', '회복탄력성'이 높다는 연구 결과가 있습니다. 그렇다면 우리 아이의 머니IQ, 도대체 어디서부터 어떻게 키워 줘야 할까요?

• 일상을 경제 교육의 장으로 만들기

일상에서 아이와 함께 경험하는 일들이 모두 경제 활동입니다. 생소하고 어려운 경제 용어와 투자 개념을 아이에게 교육하는 것이 목표가 아닙니다. 생활형 경제 교육부터 시작하는 게 좋습니다. 동전들의 크기가 왜 다른지부터 뽑기는 왜 한 번만 해야 하는지, 같은 물건인데도 마트와 인터넷에서 샀을 때 가격이 왜 다른지, 엄마 아빠가 출근하는 이유는 무엇인지 등 일상 대부분의 활동을 경제 이야기로 풀어낼 수 있습니다.

• 아이들과 자연스럽게 돈 이야기하기

부모가 돈에 대한 부정적인 경험이 있다면, 우리 아이들에게는 더욱 경제 교육이 필요합니다. "아이들은 돈 이야기하는 거 아니야" "빚? 그런 걸 네가 왜 물어?"처럼 자녀와 돈에 대해 이야기하는 것을 금기시하고 제대로 된 교육을 하지 않으면, 아이는 금융문맹이 될 수밖에 없습니다. 이제는 아이와 함께 돈, 경제에 대해 편하게 이야기 나누며 금융 문해력을 키워주어야 합니다.

• 아이 수준에 맞는 경제 교육 시작하기

아이들에게 '금리', '예산', '투자' 같은 말은 다소 낯설게 느낄 것입니다. 자녀의 이해 수준에 맞는 교육을 해야 합니다. 어렵게 생각할 필요 없이 4세 아이와 마트에 가서 간식부터 장난감까지 함께 고르고 구입하는 것도 경제 활동입니다. 나이가 어리다면 아이의 이해 수준에 맞는 경제 교육을 해야 합니다.

조기 경제 교육은 단순히 우리 아이를 부자로 키우기 위함이 아닌 올바른 경제 관념과 바람직한 경제 습관을 심어주기 위한 것입니다. 머니IQ도 골든타임이 있습니다. 그러니 이르다고 생각하지 말고, 어릴 때부터 차근차근 천천히 가르쳐야 합니다. 그래야 더욱 긍정적인 효과를 얻을 수 있습니다.

연령별
경제 교육

돈에 대한 개념도 잡히지 않은 아이에게 저축이나 투자 등 높은 수준의 교육은 거부감을 느끼게 할 것이고, 올바른 소비와 저축 등 돈을 관리하는 방법을 교육받아야 하는 아이에게 돈의 생김새를 교육한다면 경제 교육에 대한 중요도를 심어주기 힘들 것입니다. 이처럼 아이의 연령과 발달 수준에 기반을 둔 적절한 교육이 아주 중요합니다.

특히 유아부터 초등학생 시기에는 신체뿐 아니라 인지적인 측면에서도 급격한 발달이 이루어집니다. 그렇기 때문에 각 연령별 이해 수준을 고려하여 가르쳐야 합니다. 다음은 유아부터 초등학생까지 각 연령별 경제 이해도를 정리한 것입니다.

4~5세

마냥 어리게 느껴지는 나이지만, 4세부터 아이들은 돈의 기본적인 개념을 이해하기 시작합니다. 실제로 자녀를 키우고 있다면 4세 아이도 물건을 구입할 때 돈을 내야 한다는 교환의 가치를 이해하는 것을 느낄 수 있습니다. 즉 4세부터 경제 교육을 시작할 수 있다는 것입니다.

이를 뒷받침하듯 스탠퍼드대학교의 논문에도 4세 아이들이 이미 돈의 기본적인 개념을 이해하고 사용할 수 있다는 연구 결과가 있습니다. 그 외에도 여러 연구 결과들이 대체로 4세가 넘으면 매우 기초적인 방식이라도 돈의 가치나 교환과 같은 경제 개념을 이해할 수 있다고 보여줍니다. 너무나 다행인 것은, 요즘에는 이 시기의 아이와 함께 볼 수 있는 유아용 경제 도서나 영상 콘텐츠가 굉장히 다양하고 잘 나오기 때문에 일찍 경제 교육을 쉽게 시작할 수 있다는 것입니다.

4~5세 아이들은 호기심이 매우 왕성하며 어른들의 생각보다 많은 것을 이해할 수 있습니다. 자녀가 장난감으로 신용카드를 긁는 모습을 흉내 내거나, 셀프 계산대를 직접 이용해보려 하고, 부모가 휴대전화로 결제하는 것 등을 유심히 본다면 이때가 기회입니다. "아직 너무 어린데 돈 공부를 벌써?"라며 넘기지 말고, 돈이 어디서 나오고 물건값은 어떻게 지불하는지 등 기본 개념을 가르치면 좋습니다. 물론 아이가 전부를 이해하지는 못합니다. 하지만 부모가 중요하게 여기는 것에 대해 설명해주고 있다는 건 인식할 수 있고, 이 과정에서 아이는 우리가 생각하는 것보다 더 많은 정보를 흡수합니다.

이 연령대 아이들의 경제 개념은 아주 단순합니다. 이 시기는 감각을 통해 세상을 이해하기 때문에, 자신의 신체를 움직이고, 주변 사물과 상호작용하면서 세상의 지식을 습득합니다. 그래서 아이가 손으로 직접 현금을 만지며 경험하면 좋습니다. 나아가 돈과 다른 물건을 바꿀 수 있다는 사실, 즉 돈의 교환 가치를 알게 하는 것이 이 시기의 경제 교육 목표입니다.

일상 생활에서는 셀프 계산대에서 직접 계산을 해보는 것도 좋고, 은행 놀이나 마트 놀이를 통해 구매행동(교환)을 함께하는 것도 좋습니다. 이 과정에서 추가로 100원, 500원, 1,000원 등 화폐의 차이에 대해서 자연스럽게 알게 하는 것이 경제 교육의 시작이라고 할 수 있습니다.

6~7세

이 연령대의 아이들은 목표를 세워 집중할 수 있고, 그 목표를 달성하는 데 무엇이 필요한지 이해합니다. 즉 아이에게 돈을 모으는 목표가 생기는 시기입니다. 이때 돈을 모으기 위해서 어떻게 전략을 세우고 행동으로 옮기는지까지 알려주면 좋습니다. 심부름을 하고 용돈을 받거나, 집안일을 돕거나 장난감을 스스로 정리해서 칭찬 스티커를 받는 등 가정 내에서 간단한 홈 아르바이트를 통해 노동의 가치를 가르칠 수도 있습니다. 또한 원하는 것을 갖기 위해 돈을 모아야 한다는 '만족 지연'의 과정은 아이의 인내심도 키워줄 수 있습니다.

여기에 경제 교육과 밀접한 연관이 있는 수 개념의 발달을 참고해서 화폐 교육을 하면 좋습니다. 이 시기에는 보통 10~20개의 물건을 셀 수 있으며, 간단한 계

수 세기 발달

2~3세	4세	5세	6세	7세
←		말로 세기		→
1~10	1~30	1~100		1~1000
←		물체 세기		→
1~4	1~10	1~20	1~100	
	←		거꾸로 세기	→
	5부터 1까지	10부터 1까지	20부터 1까지	
		←	뛰어 세기	→
		10, 20, 30…	2, 4, 6, 8, 10…	3, 6, 9…

출처: 《Engaging Young Children in Mathematics: Standards for Early Childhood Mathematics Education》

산도 할 수 있습니다. 따라서 이 시기 아이가 셀 수 있는 돈으로는 10~20개 정도의 동전이나 지폐를 이용할 수 있습니다. 작게는 100원짜리 동전 10개, 500원짜리 동전 4개, 1,000원짜리 지폐 2장 정도부터 다양한 지폐로 20장 이내의 연습을 하면 좋습니다.

초등 저학년

많은 아이들이 초등학생이 되면 용돈을 받기 시작합니다. 즉 초등학생이 되면 아

더하기와 빼기의 발달

2~3세	4세	5세	6세
← 비언어적 더하기와 빼기 →			
물체 하나에 하나가 더해지면 2개가 된다는 것을 직관적으로 이해	수 범위 4 이내 수 세기 전략이나 손가락을 이용하지 않고 문제를 해결		
	← 언어적 더하기와 빼기 →		
	수 범위 5 이내 구체물 혹은 손가락을 이용한 더하기와 빼기	수 범위 10 이내 수 세기 전략에 기초한 더하기와 빼기	수 범위 18 이내 다양한 수 세기 전략을 사용하여 더하기와 빼기

출처: 《Engaging Young Children in Mathematics: Standards for Early Childhood Mathematics Education》

이가 돈을 혼자 사용하는 경험이 생깁니다. 만약 용돈을 주기로 했다면 이 시기에는 절제력이 아직 부족하기 때문에 일정 액수를 주 단위로 주는 게 좋습니다. 한 주 동안 쓸 수 있는 돈에 대한 감각을 익히고 정해진 액수만큼 소비하려는 계획성과 절제력을 키워줘야 하는 시기입니다. 그로 인해 자신의 경제 원칙을 세우고 실천하는 모습에 대해서도 배울 수 있습니다.

또한 혼자서 돈을 가지고 주체적으로 써보는 시기인 만큼 실패를 경험하기도 합니다. 이때 실패를 통해 배울 수 있도록 하는 것, 그리고 경제적 선택과 그 결과에 대한 책임감을 기르는 것이 중요합니다.

이 시기에는 돈이 돈을 버는 이자에 대한 개념을 이해할 수 있게 되면서 은행이나 금융기관이 하는 일에 대해서도 가볍게 알려주면 좋습니다. 금융기관과 다양한 거래에 대해 인식하게 되므로, 개인정보의 중요성에 대해서도 알려주어야 합니다. 부모 이름이나 자기 이름, 주소, 자기 생년월일, 학교, 전화번호, 이메일 주소, 자기 사진 또는 가족 사진, 주민등록번호나 부모의 신용카드 번호는 당연히 누가 물어보더라도 알려줘서는 안 된다는 것을 익혀야 합니다.

한국에서는 모든 소셜 미디어 웹사이트 가입이 14세 미만에게는 금지되어 있습니다. 실제로 인스타그램, 틱톡, 페이스북 등 주요 소셜 미디어 사이트를 비롯해 여러 웹사이트에서 14세 미만의 아동에게 계정을 제공하지 않습니다. 하지만 현재 초등생 연령의 많은 아이들이 SNS를 이용하고 있습니다. 그렇기 때문에 더더욱 개인정보의 중요성, 특히 온라인상 개인정보 관리의 중요성을 반복적으로 강조해야 합니다.

초등 중·고학년

초등 중·고학년이 되면 보통 아이들이 돈으로 자신이 사고 싶은 것을 살 수 있다는 것을 알고 있습니다. 그래서 돈이 중요하고 가치 있다고 생각합니다. 이때는 돈의 양면성에 대해 알려주어야 할 시기입니다.

아동발달이론 중 피아제의 인지 발달에 따르면 형식적 조작기에 해당하는 초등 고학년은 구체적이고 실제적인 상황을 넘어서 상징적인 추론이 가능해집니다. 즉 다양성에 대한 인지 발달도 함께 이루어지는데요. 그렇기 때문에 돈의 긍정성과 함께 돈의 부정성에 대해서도 알려주어야 합니다. 돈은 좋기만 한 게 아니라 우리를 힘들게 할 수도 있고, 다른 사람을 아프게 만들 수도 있다는 것을 알려주어야 합니다. 돈에 대한 올바른 가치를 정립하고, 기부 등을 통해 다른 사람을 도울 수 있는 수단이 될 수도 있다는 걸 가르치는 것이 중요한 시기입니다.

초등 고학년은 추상적인 개념을 이해하게 되면서 투자의 원리를 이해하기 좋은 시기이기도 합니다. 부모가 아이의 이름으로 대신 투자해주는 것이 아닌 아이가 관심 있는 기업부터 함께 탐구해나가는 것이 좋습니다. 이때 주의할 점은 먼저 1년 정도 꾸준하게 용돈을 주고 투자 교육을 시작하는 것이 좋습니다. 투자 이전에 시드머니를 모으는 것이 중요하듯이 말입니다. 또한 아이들에게 투자를 통한 자본소득은 어쩌면 쉽게 돈이 불어날 수 있다는 오해를 줄 수도 있습니다. 용돈을 통해 자신의 기본적인 수입 지출을 관리하는 것이 가능하고, 직업 활동을 통한 소득의 중요성을 이해했다면 투자 교육을 시작해도 좋습니다.

용돈의
모든 것

용돈을 주느냐 vs. 마느냐

가정 내 경제 교육에서 '용돈'은 중요한 역할을 합니다. 용돈을 줄 것인가 말 것인가에 대한 논의는 많은 부모에게 고민스러운 문제입니다. 용돈을 주는 것은 아이들에게 돈 관리의 중요성을 가르치는 도구로 사용됩니다. 그러나 성공한 사람들 중에는 의외로 용돈을 받지 않았다는 답변이 많습니다. 그들은 필요한 물건을 살 때마다 그때그때 필요한 만큼의 돈을 받았다고 합니다. 그렇다면 용돈을 주고, 주지 않는 것이 각각 어떤 의미를 가질 수 있을까요?

용돈을 준다면?

용돈을 주는 것의 주요 장점은 아이들이 계획적인 돈 관리와 경제 개념을 배울 수 있다는 점입니다. 매월 일정한 금액을 받으면, 아이들은 그 돈을 어떻게 사용할지 계획하고, 저축과 지출의 중요성을 배우게 됩니다. 이는 성인이 되어 재정 관리를 더 효율적으로 할 수 있는 기초가 됩니다. 용돈은 아이들에게 일정한 수입이 있는 회사원의 월급과 비슷한 개념으로, 돈의 가치를 이해하고 책임감을 갖도록 돕습니다. 용돈으로 아이들은 돈을 모으고, 필요한 물건을 사고, 저축하는 방법을 자연스럽게 습득하게 됩니다.

용돈을 주는 것은 단순히 금전적인 지원을 넘어, 경제 교육의 중요한 부분입니다. 아이들에게 돈의 가치를 이해시키고, 책임감 있게 사용하는 법을 가르치는 데 중요한 역할을 합니다. 이를 위해 용돈을 주면서 아이와 함께 돈을 어디에 사용할지 계획하고, 용돈기입장을 통해 지출 내역을 기록하도록 지도하는 것이 좋습니다. 이러한 과정에서 아이들은 돈을 계획적으로 사용하는 습관을 기르게 되고, 미래에 재정적인 책임감을 가질 수 있게 됩니다.

용돈을 주지 않는다면?

용돈은 일정한 수입을 전제로 한 발상입니다. 일반적으로 회사원처럼 월급을 받는 사람들은 매월 수입이 일정합니다. 그래서 그 범위 내에서 자금을 운용하고 생활을 꾸려나갑니다. 고정적으로 월급을 받다 보면 '이번 달은 돈이 없어서 못 사'거나 '우리 경제력으로는 그건 좀 무리야'와 같은 생각이 몸에 배게 됩니다. 수입이 일정한 사람은 원하는 것을 갖기 위해 돈을 더 벌겠다는 생각 대신, 돈을 모아서 사거나 할부로 산다는 생각을 하게 됩니다. 이러한 사고방식은 아이들에게 조촐한 삶에 만족하는 법을 가르치는 반면, 더 이상의 의욕과 열정을 기르는 데 한계를 가질 수 있습니다.

용돈을 정하지 않고 필요할 때마다 필요한 만큼의 돈을 주는 방식도 있습니다. 예를 들어, 아이들이 필요할 때마다 부모와 상의하여 돈을 받도록 하면, 아이들이 필요와 욕구를 구분하고 불필요한 지출을 자제하도록 교육할 수 있습니다. 이렇게 하면 아이들은 돈이 없어서 무언가를 포기하는 대신, 원하는 것을 위해 더 노력하고 창의적으로 문제를 해결하는 법을 배우게 됩니다. 용돈이 없는 경우, 아이들은 주어진 범위 내에서 참고 견디는 대신 창의적이고 능동적인 문제 해결 방식을 기르게 됩니다. 한 유명 CEO도 자신의 경험을 통해, 용돈을 정해 주지 않고 필요할 때마다 돈을 받는 것이 성공의 토대가 될 수 있음을 시사했습니다.

결론적으로 용돈을 주느냐 마느냐는 각 가정의 상황과 교육 철학에 따라 다를 수 있습니다. 용돈을 주는 방식은 아이들에게 경제 관념을 가르치고, 계획적인 재정 관리를 연습할 수 있게 합니다. 반면, 용돈을 주지 않고 필요할 때마다 필요한 만큼의 돈을 주는 방식은 아이들이 필요와 욕구를 구분하고, 창의적인 문제 해결 능력을 키우는 데 도움이 됩니다. 중요한 것은 어떤 방식을 선택하든 부모가 아이와 충분히 대화하고, 아이가 올바른 경제 관념을 가질 수 있도록 지속적으로 지도하는 것입니다.

언제부터 얼마를 주어야 할까요?

용돈을 주는 시기와 금액에 대한 결정 역시 부모들에게 중요한 이슈입니다. 이는 아이의 성숙도, 가정의 경제 상황, 그리고 재정 교육 목표에 따라 달라질 수 있습니다. 한국에서는 보통 초등학교 입학 시기인 7세 정도부터 용돈을 주기 시작하는 것이 일반적입니다.

용돈 시작 시기

아이들이 초등학교에 입학하면서 본격적으로 부모와 떨어진 사회 활동을 시작하게 되므로, 이 시기에 용돈을 주기 시작하는 것이 일반적입니다. 초등학교 저학년(1~3학년)에는 주로 소액의 용돈을 주며, 이때부터 점진적으로 금액을 늘려 나가는 것이 좋습니다. 이렇게 함으로써 아이들은 돈의 가치를 이해하고, 지출과 저축의 개념을 자연스럽게 배울 수 있습니다.

용돈 주기

처음에는 주간 단위로 용돈을 주는 것이 좋습니다. 주간 단위로 용돈을 주면, 아이들이 짧은 기간 동안의 지출을 계획하고 관리하는 연습을 할 수 있습니다. 이러한 경험을 통해 아이들은 돈을 계획적으로 사용하는 습관을 기르게 됩니다. 이후 아이가 계획적으로 돈을 잘 사용하게 되면 월간 단위로 바꾸는 것도 하나의 방법입니다. 월간 단위로 용돈을 주면 더 긴 기간 동안 지출 계획을 세우고, 필요한 경우 돈을 저축하는 습관을 배울 수 있습니다.

용돈 금액

용돈 금액은 아이의 상황과 가정의 형편에 맞추어 주는 것이 적합합니다. 그러나 다른 가정에서는 어느 정도 수준으로 주는지 궁금해하는 부모들도 많습니다. 금융 애플리케이션 '토스'에서 이용자를 대상으로 조사한 자료에 따르면, 초등학생 한 달 기준 평균 용돈은 다음과 같습니다.

초등학교 1학년: 17,000원	초등학교 4학년: 27,000원
초등학교 2학년: 20,000원	초등학교 5학년: 32,000원
초등학교 3학년: 25,000원	초등학교 6학년: 40,000원

이 통계를 참고하여 가정의 상황에 맞게 적절한 용돈을 결정하는 것이 좋습니다. 용돈은 단순히 아이에게 돈을 주는 것이 아니라, 돈 관리와 재정적 책임감을 배우는 중요한 교육의 기회입니다. 아이들이 용돈을 통해 저축의 중요성을 깨닫고, 돈을 올바르게 사용하는 방법을 배울 수 있도록 지도하는 것이 중요합니다.

현금 vs. 카드

용돈을 줄 때 현금으로 주는 것과 카드로 주는 것에는 각가 장단점이 있습니다. 아이들의 나이와 각 가정의 경제 교육 목표에 따라 적절한 방식을 선택하는 것이 중요합니다.

현금으로 준다면?

용돈으로 현금을 사용하면 아이들이 돈의 물리적 형태를 직접 보고 만지며, 돈의 가치를 더 실감나게 이해할 수 있습니다. 이는 아이들에게 실제 돈의 개념을 익히게 하는 데 큰 도움이 됩니다. 또한 현금은 사용하기 쉽고, 어린아이들도 바로 이해할 수 있는 장점이 있습니다. 현금을 통해 간단하게 용돈을 관리할 수 있으며, 잔돈과 같은 작은 단위까지 정확하게 사용할 수 있어 관리가 용이합니다.

그러나 현금을 사용하는 데에는 단점도 존재합니다. 가장 큰 단점은 잃어버릴 위험이 있다는 점입니다. 현금은 특히 아이들이 잘못 관리할 경우 쉽게 분실될 수 있습니다. 또한 현금은 주로 오프라인에서 사용 가능하며, 온라인 쇼핑 등에서는 사용할 수 없습니다. 요즘에는 현금결제를 하지 않는 매장도 꽤 있기 때문에 사용에 한정이 있을 수 있습니다. 마지막으로 현금만 사용할 경우, 아이들이 디지털 결제나 전자 금융에 대한 경험을 쌓기 어려울 수 있습니다. 이는 현대 사회에서 중요한 디지털 금융 능력을 키우는 데 한계가 될 수 있습니다.

카드로 준다면?

최근 기술의 발전으로 초등학생도 사용할 수 있는 체크카드, 소위 '용돈 카드'가 다양하게 출시되고 있습니다. 여러 종류의 용돈 카드 서비스가 제공되고 있으며, 실제로 많이 이용하고 있습니다. 용돈 카드를 사용하면 아이들이 카드 사용을 통해 디지털 금융에 익숙해질 수 있으며, 온라인 결제와 같은 현대적인 경제 활동을 배우게 된다는 장점이 있습니다. 이는 아이들이 미래에 필요한 금융 지식을 쌓는 데 큰 도움이 됩니다. 또한 카드는 현금보다 보안 면에서 우수합니다. 잃어버릴 위험이 적고, 만약 분실되더라도 신속하게 대처할 수 있습니다. 더불어 카드를 사용하면 어디에 얼마를 사용했는지 추적하기 쉬워, 부모와 아이가 함께 용돈 사용 내역을 분석하고 관리할 수 있는 장점이 있습니다.

반면, 카드 사용에도 단점은 존재합니다. 가장 큰 단점은 카드로 사용할 경우 돈의 물리적 형태를 볼 수 없다는 것입니다. 때문에 어린아이들은 돈의 개념을 추상적으로 이해하기 어려울 수 있습니다. 이는 돈의 가치를 실감나게 느끼는 데 어려움을 줄 수 있습니다. 그리고 카드 사용은 지출의 실제 감각을 무디게 해서 과소비의 위험이 있을 수 있습니다. 마지막으로 카드 사용은 현금보다 복잡하여 카드 사용에 익숙하지 않은 아이들에게 지출의 혼란을 줄 수 있습니다.

초등학교 저학년이나 유아에게는 현금으로 주세요!

초등학교 저학년이나 유아에게 용돈을 현금으로 주면 아이들이 돈의 실제 가치를 이해하는 데 효과적입니다. 피아제의 인지 발달 이론에 따르면, 초등 저학년에 해당하는 7~11세는 구체적 조작기 단계로 논리적 사고를 시작하지만, 여전히 구체적인 경험을 통해 학습하는 시기입니다. 그래서 이 시기에는 돈을 직접 보고 만지며 돈의 물리적 속성을 경험하고, 지출과 저축의 개념도 직관적으로 이해할 수 있습니다. 또한 잔돈을 받고 지폐와 동전을 구분하는 일은 경제 개념을 익히는 데 큰 도움이 됩니다. 어린 나이 때는 실물 돈을 다루게 하는 것이 돈의 개념을 이해하는 데 유익하다는 연구 결과도 이미 많이 나와 있습니다.

하지만 아이가 좀 더 성장해서 디지털 금융 개념을 이해할 수 있는 시기가 되면, 카드나 디지털 결제 수단을 도입하는 게 좋습니다. 디지털 결제는 현 시대에서 현금보다 더 보편화되고 있기 때문에 이를 이해하고 사용하는 능력도 금융 문해력을 키우는 데 아주 중요합니다.

학교에서는
가르쳐주지 않는다

아이의 교육을 생각하면 가장 먼저 떠오르는 것이 학교나 기관(유치원, 어린이집 등)입니다. 아이들에게 합리적인 경제 습관이나 투자 아이디어 등을 가르치는 교육 기관은 거의 전무합니다. 요즘에는 일부 어린이집에서 아이들의 청약통장을 함께 만들어주고, 매달 은행에 가서 저금 활동을 해보는 경우도 있습니다. 그러나 이 아이들이 자라서 초등학생이 된다면, 예전과 크게 다르지 않습니다. 이미 어른이 된 우리들은 살아오면서 돈에 대한 교육이 다른 교육만큼이나 어쩌면 그 이상으로 중요하다고 느낄 것입니다. 그러나 학창시절을 돌이켜보면 국영수 외에는 배운 기억이 없습니다.

학교에서 배우는
경제 교육의 함정

지금 이 책을 읽으시는 부모님들은 어릴 적 학교에서 돈, 경제에 대해서 배운 적이 있으신가요? 우선 저는 없습니다. 제가 학교 다니던 시절로부터 20여 년이 지났지만, 지금도 교육 현장은 크게 달라지지 않았습니다. 물론 요즘 초등 교육 과정 중 사회교과 일부에서 가르치고 있긴 합니다. 하지만 그마저도 개인 재정을 다루는 내용이 아닌, 국가 또는 세계적인 관점에서 바라보는 시장의 원리와 국내외 경제에 대한 교육이 대부분입니다. 2023년 기준, 교육 과정에 따르면 초등학교 3~6학년 사회과 교육과정에서 아래와 같은 경제 교육을 실시합니다.

- **3학년**: 돈의 개념, 화폐의 역사, 노동의 중요성
- **4학년**: 소비와 저축, 시장의 원리
- **5학년**: 경제의 기능과 역할, 경제 발전의 요인
- **6학년**: 경제 정책, 국제 무역, 경제의 지속 가능성

학교를 졸업하면 대부분의 사람들이 사회생활을 시작합니다. 요즘에는 사회생활의 형태가 다양해졌지만 과거에는 기업을 통한 사회생활이 대부분이었습니다. 그렇기 때문에 효율성을 중요하게 여기는 기업과 사회에 적응하고, 국가의 경제 발전을 달성하는 데 도움이 되는 것을 중점으로 가르쳤습니다. 그래서 자연스럽게 학교는 개인보다는 공동체를 중요시하고, 자율보다는 규칙을 강조하는

분위기에 익숙한 교육을 하게 되는 것입니다.

학교 교육도 시대에 따라 다양한 변화를 거쳐 왔습니다. 보통 학교에서는 현 시대가 요구하는 인재에게 필요한 내용을 중점적으로 가르칩니다. 1990년대 이후 세계화의 영향으로 영어 교육이 중점화되었습니다. 자연스럽게 학교는 영어 교육을 강화하였고, 21세기에 들어서는 정보화 시대가 도래하였습니다. 정보기술교육의 중요성이 커지면서 학교는 컴퓨터와 인터넷의 발달에 대한 이해와 역량을 키우는 교육을 강화했습니다. 이후 4차 산업 사회에서는 프로그래밍에 능숙한 인재를 필요로 하기 때문에 최근 교육 현장에서는 코딩을 비롯해 각종 프로그래밍 교육이 늘고 있습니다.

그렇다면 앞으로는 어떨까요? 아이들의 교육을 인도할 새 방법들을 찾아야 하는 시기라고 생각합니다. 창의성과 문제 해결 능력을 키우기 위한 교육, 융합적 사고력을 키우기 위한 교육, 협업 능력을 키우기 위한 교육 등이 필요하다고 생각합니다. 그리고 무엇보다 세상의 이치를 깨닫게 하는 경제 교육이야말로 그 해답이 될 수 있다고 생각합니다.

제대로 된
경제 교육이 필요하다

개인이 부자가 될 수 있게 하는 경제 능력은 학교나 기관에서 배우지 않습니다. 학교나 기관은 보통 표준화된 지식을 가르치는 곳입니다. 돈 공부는 일반적인 지식보다 개인의 역량에 기반하기 때문에 가르치기 쉽지 않은 것도 사실입니다. 게다가 돈과 불평등은 떼려야 뗄 수 없는 관계이기도 합니다. 아이들도 친구들과 함께 이야기를 하면서 물건의 비교를 통해 부의 상대적 크기를 체감합니다. 아이들이 부모의 자동차나 집 크기로 서로를 비교한다는 이야기도 심심치 않게 들을 수 있습니다. 아이들은 부모가 생각하는 것보다 돈에 대해 빠르게 인지합니다. 요즘 시대는 더욱 그러하지요. 일상의 모든 부분이 끊임없이 돈과 부딪히기 때문입니다.

> "학교는 질 좋은 직원을 키우는 단체다. 학교는 학생들에게 지식을 가르치지만, 돈을 벌고 자산을 만드는 방법은 가르치지 않는다. 학교는 학생들을 회사의 직원으로 만들기 위해 준비시키는 것이다."
>
> _《부자 아빠 가난한 아빠》 중에서

20년 동안 부동의 베스트셀러인 로버트 기요사키의 《부자 아빠 가난한 아빠》를 보면, "학교는 돈을 벌기 위해 일하는 방법을 가르치는 곳"이라고 말하며, 돈을 버는 방법보다 돈을 벌기 위해 일하는 방법을 가르치는 데 집중한다고 비판합니다. 학교가 학생들에게 돈을 벌고 자산을 만드는 방법을 가르치지 않기 때문에, 학생들은 졸업 후에도 여전히 돈을 벌기 위해 일해야 한다는 것입니다. 실제로 대부분의 사람들이 이와 같은 형태로 살아가고 있습니다. 그래서 자산을 만드는 방법을 스스로 습득해야 합니다.

로버트 기요사키는 학교에서 가르치는 지식 중심의 교육보다 돈을 버는 데 필요한 것은 '기술'과 '마인드 셋'이라고 말합니다. 이것이야말로 우리 부모가 경제 교육의 이름으로 가장 잘 알려주고 이끌어 줄 수 있는 것입니다.

경제 교육 전문가로 일하며 다양한 부모님들과 소통하다 보면 요즘은 유아 자녀를 둔 부모님들도 일찍부터 아이의 경제 교육과 습관에 관심을 가진다는 걸 알수 있습니다. 초등학생을 둔 부모님들은 당연히 더욱 관심이 많습니다. 그렇다면 저를 비롯한 부모님들이 원하는 자녀의 미래는 어떤 모습일까요? 좋은 학교에 들어가는 것, 좋은 직업을 갖는 것, 투자의 고수가 되는 것 등 다양한 각각의 목표들이 있을 것입니다. 그런데 이 모든 것들을 아우를 수 있는 공통적인 목표는 바로 자신만의 방법을 통해서 경제적으로 독립하고, 자신이 하고 싶은 일을 경제적인 문제 때문에 하지 못하는 일이 없기를 바라는 것입니다.

빌 게이츠, 마크 저커버그, 스티브 잡스도 모두 대학을 중퇴했지만 각각 마이크로소프트, 페이스북, 애플 같은 세계적인 기업을 차렸습니다. 좋은 교육을 받고 성적을 올린다고 성공이 보장되는 시절은 지났습니다. 사실 요즘 부모님들은 어렴풋이 알고 있습니다. 안정된 평생 직장은 없고, 대학 졸업생들의 취업과 수입 상황이 좋지 않다는 것을 말입니다. 요즘 청년들의 좋지 않은 경제 상황을 다룬 여러 현실 다큐멘터리나 프로그램도 가득합니다. 이 같은 상황에서 우리 자녀들은 좀 더 나은 환경 속에 살 수 있도록 부의 미래를 만드는 경제 교육이 필요합니다. 학교나 기관에서 할 수 없다면 일찍이 가정에서 부모가 우리 아이와 함께 해야 합니다.

워런 버핏의
자녀 돈 교육법

워런 버핏은 세계적인 갑부이자 투자의 대가로 알려져 있습니다. 그는 자신의 부를 부모님으로부터 배운 경제 교육 덕분에 얻었다고 말합니다. 그는 부모들이 자녀들에게 돈에 대해 가르칠 때 지켜야 할 여섯 가지 원칙을 제시했습니다. 다음과 같습니다.

첫째, 될 수 있으면 일찍 시작하라!

버핏은 자녀들이 유치원 시기부터 돈에 대한 개념을 이해할 수 있고, 7세가 되면 미래의 금융 행동과 관련된 기본적인 개념이 형성된다고 말합니다. 그는 돈 관리 교육은 유치원 때부터 시작해도 된다고 강조합니다.

둘째, 저축의 가치를 가르쳐라!

버핏은 아이들에게 저축과 금리에 대해서 가르쳐주는 것이 아주 중요하다고 말합니다. 그는 아주 적은 돈이라도 규칙적으로 저축한다면 보상을 받게 된다며, 당장 필요하지 않은 물건에 돈을 쓰기보다 저축하면 이자를 통해 돈이 불어날 수 있다고 설명합니다.

셋째, 아이에게 부모가 '롤 모델'이 되어야 한다!

버핏은 자신이 돈에 대해 좋은 습관을 갖게 된 것은 아버지가 그런 습관을 보여줬기 때문이라고 했습니다. 버핏은 주식 중개인이었던 아버지에게 주식 투자를 배우고, 11세 때 처음 주식을 사기도 했습니다.

넷째, 원하는 것과 필요한 것을 구분하도록 가르쳐라!

버핏은 아이들에게 돈의 가치를 가르칠 때는 원하는 것과 필요한 것의 차이를 가르쳐야 한다고 했습니다. 그는 아이들에게 원하는 것 5가지나 10가지의 리스트를 만들어보라고 했습니다. 그러고 나서 하나씩 표시를 하면서 아이들에게 왜 필요한지, 왜 갖고 싶은지 설명하게 하는 방법을 사용하라고 했습니다.

다섯째, 부모가 배우는 것을 멈추지 마라!

버핏은 평생에 걸쳐 배우는 것을 추구하고 스스로 가르치는 것은 모든 개인에게 중요하다고 했습니다. 버핏은 하루의 3분의 1을 각종 책과 투자 관련 자료, 잡지, 신문을 읽는 데 시간을 보낸다고 합니다. 그는 혁신과 새로운 기술에 대해서 읽는 것을 두려워하지 말라고도 있습니다.

여섯째, 기업가 정신을 키워주어라!

버핏이 말하는 기업가 정신은 기회를 포착하고 문제 해결 능력을 키우는 것을 의미합니다. 기업가 정신의 핵심은 단순히 돈을 버는 것보다 기회를 놓치지 않고 문제에 직면했을 때 해결하는 데 있다고 할 수 있습니다.

이렇게 워런 버핏은 자녀들에게 돈에 대해 가르칠 때 지켜야 할 여섯 가지 원칙을 제시했습니다. 이 원칙들은 부모들이 자녀들에게 경제 교육을 할 때 참고할 수 있는 좋은 가이드 라인이 될 것입니다.

부모의 경제 교육은
뭐가 다를까?

앞서 이야기한 것처럼 부모도 돈을 제대로 배운 적이 없습니다. 대부분이 사회생활을 시작하고 몸으로 겪으며 자본주의를 배우고, 자연스럽게 돈의 중요성과 돈 버는 법을 익혔습니다. 누가 가르쳐준 것이 아닙니다. 쉽지 않은 그 과정을 부모가 도와줄 수 있다면 얼마나 좋을까요? 그래서 가정에서의 경제 교육 필요성을 누구보다 잘 알고 있습니다. 하지만 정작 아이에게 경제 교육을 하려고 하니 부담감이 밀려옵니다. 부모가 망설이는 이유도 충분히 이해가 가지만, 해결책은 생각보다 아주 간단합니다.

• 경제에 대한 지식이 부족하다고 생각하기

우리 생활은 대부분이 경제 활동으로 이루어져 있습니다. 일상에서 함께 경험하던 일들을 모두 경제 활동이라고 생각하면 아이들과 할 이야기가 정말 많아집니다. 부모가 아무리 경제를 모른다고 하더라도 자녀보다 20~30년은 더 경험한 우리 사회의 이야기를 해준다면 시작이 쉬워집니다. 물론 제대로 된 교육을 위해서는 부모도 부족한 부분은 새롭게 배워야 합니다. 전문적인 것보다 더 중요한 것은 이것을 아이들의 눈높이에 맞추어 말해주는 것입니다.

• 시간과 노력이 많이 든다고 생각하기

경제 교육을 한다고 경제 관념이 하루 이틀 만에 당장 생기는 것은 아닙니다. 어떤 기관에서 한 학기 수업을 듣는다고 경제 전문가가 될 수 있을까요? 경제 교육은 일회성으로 끝나는 것이 아니라 지속적으로 해야 효과를 볼 수 있는 습관 같은 것입니다. 어릴 적 익힌 한글은 어른이 되어 글을 쓰고 읽게 하며, 생각하는 힘인 사고력 발달까지 이어집니다. 경제 관념 역시 어려서부터 서서히 쌓이는 것입니다.

유대인 교육법에서는 대화를 정말 중요하게 생각합니다. 또한 식사하는 자리에서 돈 이야기나 비즈니스 이야기를 하는 것을 좋아한다고 합니다. 흔히 이것을 밥상머리 교육이라고 하지요. 경제 교육이야말로 생활 속에서 매일매일 조금씩이라도 자녀와의 대화를 통해 습관을 키워가야 하는 것입니다.

• 자녀가 어려운 경제에 관심이 없을 것이라고 생각하기

부모에게도 낯선 금융과 경제 그리고 투자 용어들. 개념과 이론적으로 접근하면 부모 또한 이해하고 설명하는 게 쉽지 않습니다. 그러나 돈으로 생각하면 이야기가 달라집니다. 사람들은 돈 이야기를 좋아합니다. 이건 아이들도 마찬가지입니다. 4세인 아이도 친척에게 용돈을 받고 돈이라며 좋아하는 모습을 보면 신기하기도 합니다. 이렇게 돈을 도구로 아이와의 경제 놀이 또는 대화를 시작하면 좋습니다.

부모는 최고의
경제 선생님

아이들의 정체성을 만드는 데 가장 중요한 역할을 하는 사람은 단연 부모입니다. 부모는 아이들이 처음으로 접하는 세상이고, 아이들은 부모의 모습을 통해 자신을 발견하고 정체성을 형성하게 됩니다. 그렇기 때문에 부모가 아이에게 돈의 가치와 진정한 부의 의미를 가장 잘 알려줄 수 있습니다.

거창하지 않습니다. 우리가 하고 있는 경제 활동이 자연스럽듯이 생활 속에서 경제를 자연스럽게 알려줄 수 있습니다. 아이가 동전을 가지고 놀 때, 아이와 함께 마트 계산대 앞에 섰을 때, 유튜브로 영상을 보던 중 광고가 나왔을 때부터 시작해보세요. 각각의 동전들이 모두 가치가 다르다는 것, 카드로 하는 계산은 공짜가 아니라는 것, 지금 광고가 나오는 이유는 어떤 것인지 등을 알려줍니다. 아이가 사회현상에 의문을 가질 때는 넘기지 말고 원리를 설명해주세요. 돈은 부모님으로부터 가장 빠르고 안전하게 효과적으로 배울 수 있는 것입니다.

위에서 말한 것들은 비교적 쉽습니다. 진짜 어려운 것은 지금부터입니다. 부모가 진짜 최고의 경제 선생님이 되려면, 아이들에게 성공한 부모이자 신뢰할 만한 부모가 되어야 합니다. 유치원생이든 고등학생이든 아이들은 그 시기에 필요한 경제 관련 조언을 대부분 부모에게 구한다고 합니다. 실제로 국내 한 금융기관의 설문 결과에 따르면 유치원생부터 고등학생까지의 자녀를 둔 부모 중 90%가 자녀로부터 경제 관련 질문을 받은 적이 있다고 답했습니다. 자녀가 경제 관련 조언을 구하는 가장 일반적인 이유는 '용돈 관리', '저축', '미래 계획' 등을 꼽았고, 다른 사람이 아닌 부모의 조언을 듣고자 하는 이유는 '부모님을 가장 믿을 수 있어서', '경제에 대해서 잘 알고 있어서'라고 답했습니다. 이처럼 아이들은 부모의 생활과 삶의 태도를 보고 배우며, 부모의 경제 관념에 큰 영향을 받습니다. 결국 머니IQ가 높은 아이를 키우는 첫 번째 방법은 부모가 좋은 본보기를 보여주는 것입니다.

물론 개천에서 용 나는 경우도 있습니다. "가난은 실패의 이유가 될 수 없다"고 말하며 어려운 환경에서도 성공한 소프트뱅크의 창업자 손정의가 있습니다. 그 밖에도 전 미국 대통령 오바마, 알리바바의 마윈, 현대의 정주영 등이 있습니다. 유명 연예인이나 운동선수의 이야기에도 제법 등장하는 성공 스토리입니다. 그러나 일부 성공한 사람들의 이야기를 보며 "내 아이도 그럴 수 있지 않을까?"라는 막연한 기대감보다는 내가 먼저 행동하고 노력하는 것이 현명합니다. 현실적으로 대부분의 사람들이 부모에게 가장 큰 영향을 받습니다. 내가 먼저 성공한 사람의 사고와 태도를 갖추어야 합니다.

아이와 함께 보는
경제 유튜브

기획재정부: 어린이 경제 교실

 비교적 최근에 제작된 것으로, 또래 아이들이 등장하여 초등학생들이 쉽게 공감할 수 있습니다. 주로 초등학생을 대상으로 하여, 경제 개념을 이해하기 쉽게 설명하고 있습니다. 애니메이션과 실제 사례를 활용하여 재미있고 교육적인 내용을 전달하며, 아이들이 경제적 개념을 실생활에서 자연스럽게 적용할 수 있도록 해줍니다. 또래 친구들의 이야기를 통해 경제적 책임감과 올바른 경제 습관을 형성하는 데 유익한 내용입니다.

한국은행: 초등학생 경제 교육

 국내 정통 금융기관에서 제작한 것으로, 아이들이 좋아하는 애니메이션 형태로 제공되어 재미있게 시청할 수 있습니다. 주로 초등학생을 대상으로 하며, 교재 형태의 화면 구성으로 금융 개념을 설명합니다. 돈의 기원, 사용 목적, 관리 방법 등을 쉽게 이해할 수 있도록 도와주며, 경제적 책임감과 올바른 경제 습관을 형성하는 데 도움을 줍니다. 애니메이션과 실생활 사례를 통해 아이들이 경제 개념을 자연스럽게 학습할 수 있습니다.

금융감독원: 초중고 대상 금융 교육

 초등학생부터 고등학생까지 다양한 연령층을 대상으로 한 유익한 금융 교육 콘텐츠입니다. 각 클립은 나이에 맞춘 금융 개념을 쉽게 설명하며, 저축, 투자, 예산 관리 등 주요 주제를 다룹니다. 실생활에 적용할 수 있는 사례를 통해 이해를 돕고, 금융 문해력을 높이는 데 중점을 둡니다. 콘텐츠의 난이도가 상대적으로 높아 심화된 금융 지식을 제공합니다.

하나TV: 경제 동화 머니

 하나금융그룹이 제작한 이 콘텐츠는 유아부터 초등학생까지 적합합니다. 실제 등장인물이 출연해 생동감을 더하고, 애니메이션 형식으로 구성되어 아이들이 흥미를 갖고 시청할 수 있습니다. 동화를 통해 저축, 투자 등 경제 개념을 자연스럽게 배우도록 유도하며, 아이들이 일상 생활에서 건강한 경제 습관을 형성하는 데 도움을 줍니다.

지니키즈: 어린이 경제 교육

유아를 위한 경제 교육에 적합합니다. 밝고 귀여운 그림체를 사용하여 아이들이 쉽게 이해할 수 있도록 구성되어 있습니다. 간단한 경제 개념을 일상생활과 연결

된 활동을 통해 설명하며, 애니메이션과 재미있는 스토리라인으로 아이들의 흥미를 유발합니다. 부모와 함께 시청하기 좋고, 경제 교육을 자연스럽게 접할 수 있는 유익한 내용입니다.

대발이TV: 공룡 대발이 경제 동화

각 클립의 주제와 경제 개념이 4세의 아이들도 이해할 수 있는 수준으로 구성되었습니다. 친숙한 대발이 캐릭터를 통해 아이들의 흥미를 유발합니다. 전집으로 출간된 책을 기반으로 저축, 소비, 돈의 가치 등 기초 경제 개념을 재미있고 교육적인 방식으로 전달합니다. 밝고 색감이 풍부한 애니메이션을 통해 경제 개념을 자연스럽게 익히고, 대발이의 모험을 통해 경제적 책임감과 올바른 경제 습관을 배울 수 있습니다.

일상에서 키우는
머니IQ

숫자로
이야기하라

세계적인 기업 구글의 창업자 래리 페이지와 세르게이 브린, 페이스 북의 마크 저커버그, 마이크로소프트의 전 최고경영자 스티브 발머, 오라클의 창업주 래리 엘리슨, 인텔의 공동 창업자 앤디 그로브, 스타벅스 창업자 하워드 슐츠 등 이름만 대면 다 아는 글로벌 대기업의 CEO 또는 창업자들의 공통점은 무엇일까요? 이들은 모두 유대인이라는 것입니다. 이렇게 많은 거대 글로벌 대기업들을 비롯해 수많은 유대인들이 비즈니스에서 큰 성공을 거두고 있습니다.

그들의 성공 뒤에는 어떤 비밀이 숨겨져 있는 것일까요? 일상에서 적용할 수 있는 것 중에 하나가 구체적인 수치를 이용한다는 것입니다. 유대인들은 평소 숫자를 사용해서 말하는 습관이 있습니다. 예를 들면, "오늘 날씨가 덥대"라고 말하지 않고, "오늘 낮에 기온이 32도까지 올라간대"라고 말하는 식입니다. "이 회사는 중소기업이야"라고 말하지 않고, "이 회사는 직원이 50명 정도야"라고 말하는 것입니다. 이렇게 숫자를 사용하면 자연스럽게 돈과 세상에 밝아질 수 있는데, 돈의 기본이 숫자에서 시작되기 때문입니다.

특히 돈의 개념은 구체적인 숫자를 들어 설명하면 자녀들이 더 쉽게 이해하기도 합니다. 우리도 이야기할 때 "저 사람 월급이 많대"보다 "저 사람 월급은 500만 원이래"라고 말하는 것에 더 귀를 기울이게 됩니다. 아이들에게도 저축의 중요성에 대해서 이론적으로 말해봐야 소용이 없습니다. 그보다 "매주 1천 원씩 모으면 1년이면 5만 2천 원이 된단다"라고 말하는 것이 아이들에게는 더 직관적이고 와닿습니다. 이렇게 일상에서 구체적인 수치로 이야기하는 습관은 숫자와 가깝게 하고, 자연스럽게 암산 능력도 키울 수 있어 손익계산도 더 빨라질 수 있습니다.

또한 유아에게 숫자로 이야기하는 습관은 아이들의 창의력과 상상력을 발달시키는 데도 도움이 됩니다. 아이들에게 동화나 이야기를 들려줄 때 "옛날 옛날에 한 마을에 할머니가 살았어"라고 말하는 것보다 "100년 전에 100명의 사람들이 살던 마을에 할머니가 살았어"라고 말하는 것이 더 좋습니다. 이렇게 하면 아이들은 숫자를 통해 과거와 현재, 크기와 양, 거리와 위치 등을 상상하고 표현할 수 있습니다.

돈을 아끼는 마음으로
시간도 아껴주자

돈을 중요하게 생각한다면 시간도 중요하게 여길 줄 알아야 하고, 아이들에게도 돈만큼이나 시간의 소중함도 알려주어야 합니다. 돈과 시간은 매우 밀접한 연관이 있습니다. 관련성 몇 가지를 정리하면 다음과 같습니다.

- 돈은 시간을 사거나 팔 수 있습니다. 우리는 일을 하면서 시간을 돈으로 바꾸거나, 돈을 쓰면서 시간을 사는 것입니다. 예를 들어, 우리가 1시간에 10만 원을 벌 수 있다면, 10만 원의 물건을 사는 것은 1시간의 시간을 쓴 것과 같습니다. 반대로 우리가 10만 원을 택시비로 써서 1시간의 시간을 절약한다면, 1시간의 시간을 10만 원으로 산 것입니다.
- 돈은 시간의 가치를 결정합니다. 우리는 돈이 많으면 시간이 적게 필요하고, 돈이 적으면 시간이 많이 필요하다고 생각합니다. 예를 들어, 우리가 100만 원을 벌기 위해 10시간이 필요하다면, 우리의 시간당 가치는 10만 원입니다. 하지만 우리가 100만 원을 벌기 위해 100시간이 필요하다면, 우리의 시간당 가치는 1만 원입니다.
- 돈은 시간의 품질에 영향을 줍니다. 우리는 돈이 많으면 시간을 더 행복하고 만족스럽게 보낼 수 있고, 돈이 적으면 시간을 더 스트레스받고 불편하게 보낸다고 느낍니다. 예를 들어, 우리가 돈이 많으면 좋은 음식이나 옷, 여행 등을 즐길 수 있고, 돈이 적으면 식비나 생활비 등을 걱정할 수 있습니다.

흔히 옆 동네의 주유소 가격이 더 저렴하다면서 이동하는 경우가 있습니다. 옆 동네까지 이동하는 데 드는 시간과 기름값 등 계산하기 어려운 것들은 외면하고 단지 리터당 가격에만 집착하는 것입니다. 비슷하게 온라인에서 최저가 검색을 하는 것에 온종일 시간을 쏟는 경우도 많습니다. 이는 돈은 아깝지만 시간은 아깝지 않다고 생각하는 행동입니다. 시간은 눈에 보이지 않으니 눈에 보이고 와닿는 돈을 더 우선시하는 것입니다.

우리가 가격을 비교할 때 단지 가격만 보지 않고 비용 대비 효과를 고려하는 것처럼, 시간에도 시간 대비 효과를 비교해서 판단해야 합니다. 시간이 들더라도 절약해야 하는 것인지 돈이 들더라도 시간을 절약해야 하는지를 결정하는 능력이 필요합니다. 돈을 조금 더 주고라도 빨리 가는 교통수단을 통해서 이동하는 것이 옳은 결정일 때가 있습니다. 아이들에게 돈과 함께 시간에 대해서도 본인의 기준을 세울 수 있도록 알려주어야 합니다.

맛집으로 소문난 유명한 음식점을 가면 짧게는 30분, 길게는 몇 시간을 기다리는 경우가 있습니다. 이때도 줄을 서서 얻는 가치와 시간을 고려해서 자신의 기준으로 판단해야 합니다. 그러한 판단 없이 마냥 기다리는 부모를 보면 아이는 시간의 소중함을 느끼기 어려울 것입니다.

남과 다른 것이 당연하다고 알려주자

아이들이 자주 하는 말 중에 "이거 친구들은 다 가지고 있어. 나도 사줘"가 있습니다. 아이들이 조금 더 커서 초등학생이 되어도 마찬가지입니다. 휴대전화나 옷 등으로 대상 물건이 바뀌는 것이지 멘트는 거의 비슷합니다. 아직 주체성이 확립 되지 않아 남들에게 쉽게 이끌리기 때문에 친구가 가진 것을 보고 부러워하는 것 입니다. 아이들에게 나는 나 남은 남이라는 생각을 가지고 소비 행동의 판단 기 준을 타인이 아닌 자신에 두도록 가르쳐야 합니다.

요즘 초등학생들 사이에서 '개근거지'라는 말이 유행한다는 기사를 봤습니다. 개근거지란 평일에 놀러 갈 형편이 안 돼서 여행을 가지 못하고 개근한 학생을 속되게 부르는 말입니다. 이런 유행 속에 학부모들도 단체 대화방에서 서로 해외 여행을 어디로 가냐며 묻고, 우리 아이만 위축될까 봐 급하게 여행을 계획하는 경우도 많다고 합니다.

만약 아이가 "친구는 베트남으로 해외여행 간대요. 우리도 가요"라고 말한다 면 어떻게 해야 할까요? "해외여행을 가는 이유는 내가 아는 세상이 전부가 아니 라는 것을 직접 보고, 우리나라와 다른 나라의 차이점을 경험하고 배우는 거야. 친구가 갔다고 해서 가야 하는 것은 아니란다"라고 답하면 좋습니다. 남들과 다 른 것은 당연하고, 소비에는 명확한 이유가 있어야 하며, 그 이유를 논리적으로 차근차근 설명해주는 것입니다.

남과 다른 것이 당연하다는 생각은 합리적인 소비의 경제 관념을 키우는 것뿐 아니라 아이의 자아를 확립하는 데도 도움이 됩니다. 아이가 주변에 휩쓸리지 않 고, 자신과 생각이 다른 사람을 지나치게 존중하거나 주변에 맞추려고 무리할 필 요가 없다는 것을 알려주는 것입니다. 성공한 사람들은 대부분 타인과 동일시되 는 것을 매우 싫어합니다. 주위에 맞추겠다는 생각이 없으며, 자아가 강하고 자신의 믿음을 추구한 덕분에 혁신을 이루며 성공할 수 있었던 것이기도 합니다.

아이들에게도 남과 다른 것이 당연하고 자신만의 자아를 확립하는 것을 도와 준다면, 남들과 다르지만 자신이 믿는 길을 걸어갈 수 있는 원동력이자 성공의 토대가 될 것입니다. 돈을 번다는 것은 남에게 도움을 주는 것입니다. 어떤 의미로 남들이 못하는 일을 대신하기 때문입니다. 남들과 다른 것이 당연하고 어떤 점을 다르게 키워갈 수 있을지를 알려주는 것이 타인과 사회에 도움을 주는 멋진 아이로 키워내는 것입니다.

머니IQ를 키우고 싶다면
이건 주의하세요!

부자와 그들의 재산을 깎아내린 적 있나요?

누군가 부자가 된 사람을 보면 가령 이렇게 말하는 경우가 있습니다. "부모가 부자라서 그럴 거야" "운이 좋았나 보네" 등 부정적인 편견을 가지고 이야기하는 것입니다. 이러한 부모의 고정관념은 아이들이 성장할 수 있는 기회를 가로막습니다. 성공하는 사람에게는 분명 존중할 만한 이유가 있습니다. 자격지심과 고정관념에 사로잡혀 부자와 돈을 부정하면 아이도 자연스레 부모의 가치관을 닮아갑니다. 이 같은 습관을 버리고 그들의 성공 배경을 알아보면 지금까지는 몰랐던 새로운 성장의 기회를 발견할 수 있을 것입니다. 이 과정에서 아이들도 자연스럽게 성장의 습관도 배울 수 있습니다.

26년간 수백 명의 백만장자들과 인터뷰하며 평생 돈 걱정만 하는 사람과 인생을 즐기며 사는 부자들 사이에 어떤 차이가 있는지 파고든 사람이 있습니다. 바로 스티브 시볼드입니다. 그는 자신의 책《푼돈에 매달리는 남자 큰돈을 굴리는 남자》에서 "부자들은 돈이 자신을 비롯해 가족들에게까지 자유와 기회를 제공하는 긍정적인 수단이라고 믿는 반면, 가난한 사람들은 돈이 모든 악의 근원이라고 생각한다"고 했습니다. 즉 돈에 대한 태도는 성공에 큰 영향을 미치는 것입니다. 아이들을 성공으로 이끌고자 한다면 돈에 대한 긍정적인 태도를 물려주어야 합니다.

아이 앞에서 돈 때문에 부부싸움을 한 적 있나요?

부부싸움은 아이들에게 있어서 정말 힘든 주제입니다. 사랑하는 가족이 서로 다투는 모습을 보면 아이는 정서적으로 불안감에 휩싸이게 됩니다. 미국의 한 연구에 따르면 부모의 다툼을 목격할 경우 대부분 아이들이 부모가 싸우는 이유는 자신 때문이라고 생각한다고 합니다. 아이들은 부모의 감정이나 관계를 이해할 능력이 부족하기 때문에, 부모의 싸움이 자기 때문이라고 판단하는 것입니다.

만약 부부가 돈 문제로 다투게 된다면 본인 때문에 돈을 많이 써서 부모님이 다툰다고 생각할 수 있습니다. 이렇게 되면 아이는 다툼을 유발하지 않기 위해서 돈 드는 일을 최대한 하지 않으려고 할 수 있습니다. 즉 돈이 필요해도 부모에게 말하지 않는 것입니다. 이것은 절약과는 다릅니다. 본인의 목표와 의지에 따른 행동이 아니라 자신의 욕구와 가능성을 억누르는 것입니다. 아이의 다양한 가능성을 존중하고 건강한 정서를 만들기 위해서는 돈에 관한 다툼은 물론이고 부부싸움은 하지 않는 것이 좋습니다.

"돈이 없어서 안 돼"라고 한 적 있나요?

정말로 어쩔 수 없을 정도로 돈이 없다면 무리해서는 안 되겠지만, 생각보다 쉽게 이런 말을 한다면 조심해야 합니다. 맹자의 어머니가 교육을 위해 집을 세 번이나 옮긴 맹모삼천지교 이야기는 정말 유명합니다. 부모라면 아이가 몰두할 수 있는 환경을 지원해야 합니다. "돈이 없어서 안 돼"라는 말을 듣고 자란 아이는 무슨 일을 하려고 할 때마다 '우리 집은 돈이 없으니까 안 되겠지'라는 생각이 앞서 자신의 호기심이나 도전 의식을 억누르게 됩니다. 아이의 정체성이 될 수 있는 호기심을 키워주고 성장 가능성을 만들어주고 싶은 부모라면 가능한 범위 내에서 어떻게든 해주려는 자세와 마음가짐이 필요합니다.

"돈이 없어서 안 돼"라는 말은 유아기 자녀들에게 하는 부모님들이 있는데, 아이들이 어려서 실제 경제 상황을 잘 모를 거란 이유로 하는 말이지만, 이 또한 좋지 않은 방법입니다. 아이에게도 사실대로 왜 그만해야 하는지, 왜 사면 안 되는지에 대해서 명확하고 솔직히 알려주는 것이 중요합니다. 아이가 젤리를 사달라고 한다면 "돈이 없어서 젤리를 사줄 수 없어"보다는 "젤리를 너무 많이 먹으면 치아가 썩을 수 있고, 또 곧 점심을 먹을 건데 단것을 먹으면 밥을 충분하게 먹지 못하니까, 오늘은 젤리를 사지 않을 거야"라고 말해주는 게 좋습니다. 장난감을 집어 들고 무작정 사달라는 아이에게도 "돈이 없어서 안 돼"보다는 "원하는 장난감을 매번 살 수는 없단다. 원하는 대로 사다 보면 나중에 정말 급한 일이 생겼을 때 돈을 쓸 수 없는 문제가 생긴단다"라고 구체적으로 설명하는 것이 좋습니다.

돈을 무기로 숙제를 시킨 적 있나요?

"숙제 다 하면 얼마 줄게" "공부하면 얼마 줄게" 등 돈을 전제로 아이에게 동기부여는 안 하는 것이 좋습니다. 돈에 대한 잘못된 인식을 심어줄 뿐만 아니라 아이에게 동기부여도 되지 않습니다. 바로 내재적 동기부여가 있는 행동에 외재적 보상을 주면 동기부여가 감소한다는 언더마이닝(underminig) 효과 때문입니다. 예를 들어, 취미로 그림을 그리는 사람이 그림을 팔아서 돈을 벌기 시작하면, 그림을 그리는 재미보다 돈을 벌기 위한 수단으로 인식하게 되고, 그림에 대한 흥미와 열정이 줄어들 수 있습니다. 나아가 보상인 돈이 없으면 행동을 하지 않게 되고, 보상의 양과 질에 따라 행동의 정도가 달라질 수 있습니다.

또한 돈을 통한 보상은 돈으로 사람을 조종할 수 있다고 생각할 수 있습니다. 보상을 주는 부모에 의해 행동이 조절되고 강제되는 것이라고 느낄 수 있기 때문입니다. 대신 보상이 없어도 공부, 숙제 등의 행동을 할 수 있도록 행동 자체의 합리적 이유나 즐거움을 알려주면 좋습니다.

공부를 좋아한다는 건 아는 즐거움을 깨달았다는 의미입니다. 이런 깨달음은 배움을 지속할 수 있게 해주며, 어른이 되어서도 새로운 것을 배우고자 하는 의지의 토대가 됩니다. 이 토대는 성공과 부를 만드는 기초 습관이 될 것입니다. 아이들에게 돈을 통한 동기부여 말고 본질적인 배움의 즐거움을 알려주어야 합니다.

간혹 공부가 아니라 집안일을 도울 때 돈으로 보상을 하는 경우가 있는데, 이것은 노동에는 보수가 따른다는 개념을 알려주기 위한 방법이라 괜찮습니다. 주의할 점은 본인의 방 청소, 장난감 정리와 같이 일상적으로 당연히 해야 하는 일은 보수가 발생하지 않는 별개라는 점을 구분하는 것입니다.

아이의 세뱃돈을 모두 가져가진 않았나요?

아이가 세뱃돈을 받으면 부모에게 맡기라면서 전부 가져가는 경우가 있습니다.

일상에서 갑자기 친척이나 다른 어른들에게 받는 용돈도 마찬가지입니다. 보통 부모가 가져간 돈은 아이 명의의 통장에 입금시키고 관리해서 재테크의 일환으로 모아두었다가 목돈이 필요한 순간 활용한다는 취지입니다. 이런 방법이 무조건 나쁜 건 아닙니다. 그런데 저축에 동기부여가 되지 않고 저축을 강요하는 것이라는 점은 확실합니다. 아이가 돈의 목적을 스스로 정할 수 있도록 도와주는 것이 중요합니다. 부모가 저축이나 돈 관리에 대해서 일방적으로 명령하는 것은 아이의 주관성과 판단력을 침해할 수 있습니다.

그렇다고 현실적으로 아이에게 돈을 전부 주면서 알아서 하라고 하기도 어렵습니다. 갑자기 받은 돈의 금액이 크다면 더욱 그럴 것입니다. 이 경우에는 받은 돈의 일부 금액을 돌려주면서 아이가 주체적으로 관리하도록 하면 됩니다. 약 20% 정도의 금액을 추천합니다. 아이들에게 경험으로부터 얻는 교훈은 큰 교육 효과가 있습니다. 요즘은 초등학생 입학 전후의 나이만 되어도 아이들이 돈에 대한 개념을 스스로 세울 수 있습니다. '이건 사는 게 아니었어' '저것보단 이걸 살 걸' 등 낭비와 소비에 대한 본인의 주체적인 판단을 할 수 있는 것입니다. 20%의 금액을 아이가 의미 있게 사용했다면 성공 경험이 쌓일 것이고, 불필요한 소비를 했다면 후회하더라도 경험 효과를 배울 수 있습니다.

항상 싼 것만 찾지 않았나요?

최고로 키우고 싶다면 최고를 경험하게 하면 됩니다. 아이들에게 고급 식당에서 밥을 먹거나 평소 가지 못했던 여행 등은 좋은 경험이 됩니다. 기억에 남는 좋은 경험은 아이들에게 노력하면 이런 생활도 할 수 있다는 깨달음을 줄 수 있습니다. 절약이라는 이유로 아이에게 가장 저렴한 것만 찾는 모습은 돈이 가지는 모든 가치를 이해하지 못하게 합니다. 돈은 버는 것만큼 잘 쓰는 것도 중요합니다. 돈을 잘 쓰는 최고의 경험들을 통해 아이들은 돈이 무엇인지 고민해보고 나도 돈을 벌고 싶다는 생각을 키울 수 있습니다.

절약하는 것은 좋지만, 상황과 상관없이 무조건 아껴야 한다는 태도는 좋지 않습니다. 돈 관리의 1차원적인 생각을 넘어서 내가 돈을 만들고 벌어서 더 좋은 경험을 하고 싶다는 긍정적인 동기부여를 해주어야 합니다. 아이가 모르는 세계에 발을 딛고 최고를 경험할 수 있는 기회를 만들어주자는 뜻입니다. 다만 이때 무의식적인 사치와 최고를 경험하는 것은 분명하게 다릅니다. 좋은 경험이라는 이유로 아이들의 생활 수준을 높이는 데만 치중한다면 자칫 돈에 감사하는 마음이 없어질 수 있습니다.

돈에 대해 푸념만 하지 않았나요?

아이들과 돈에 대해 이야기를 할 때 했던 말들을 떠올려보세요. 혹시 "장 보는 값이 비싸다" "월급이 적다" "집값이 많이 올랐네" 등의 이야기는 아니었나요? 이것들은 사실 돈 이야기라기보다는 돈에 대한 단순 걱정과 푸념입니다. 특별한 의미가 없는 것은 물론이고 교육적인 효과도 없는 이야기이지만, 가정에서 흔히 하는 말들이기도 합니다. 이런 이야기들은 아이들도 듣고 나서 별로 기억에 남는 게 없고 자꾸 반복되면 잔소리처럼 흘려버리게 됩니다. 즉 아이와의 대화에서 중요한 것은 돈 걱정이 아니라 돈 이야기를 하는 것입니다. 그렇다고 아이들과 세계 경제와 금리가 어떤 영향이고, 유가는 왜 중요한지 등의 이야기를 나누어야 하는 것도 아닙니다. 중요한 것은 아이들이 돈에 대해 스스로 고민하고 생각하도록 하는 것입니다. 예를 들면, "사람들은 어떤 방식으로 돈을 벌고 있을까?" "돈이 많으면 행복한 걸까?" 등의 이야기처럼 돈에 대한 가치관을 형성하는 데 중요한 대화입니다. 앞으로 아이에게 펼쳐질 미래의 모습은 부모의 경제 교육 방향에 따라 크게 달라질 것입니다.

돈을 아는 아이는
꿈부터 달라진다

"저는 10대 때부터 전 세계의 모든 가정에 컴퓨터가 한 대씩 설치되는 것을 상상했고, 반드시 그렇게 만들고 말겠다고 외쳐왔습니다. 그게 전부입니다."

_ 빌 게이츠

"꿈꿀 수 있다면 이룰 수 있습니다. 내 모든 것이 꿈과 생쥐(미키 마우스) 한 마리로 시작했다는 것을 늘 기억하세요."

_ 월트 디즈니

"난 열두 살 때 영화감독이 되기로 마음먹었습니다. 나는 내 꿈을 분명하게 그렸고 실제로 영화감독이 되었습니다."

_ 스티븐 스필버그

큰 성공을 이룬 사람들은 어릴 때부터 구체적인 꿈을 가지고 있습니다. 꿈이 없는 아이에게는 미래와 성장에 대한 동기부여를 하기도 어렵고, 어떤 일이든 의욕적으로 해내도록 하기 어렵습니다. 꿈이 있어야 삶에 대한 열정과 에너지가 생겨나기 때문입니다. 꿈이 있는 아이와 꿈이 없는 아이는 큰 차이가 있습니다. 꿈이 있는 아이들은 하나하나 이루어나가는 삶이 즐겁게 느껴지지만 꿈이 없는 아이의 삶은 쾌락에서 즐거움을 좇는 경우가 많습니다. 꿈이 있는 아이들은 눈이 빛나고 표정도 밝고 매사에 자신감이 묻어납니다.

돈을 위한
꿈이 아니다

한국은행은 2023년 5월 전국 초등 4~6학년 학생 1,000명을 대상으로 돈에 관한 설문조사를 실시했습니다. 이 조사는 초등학생들이 돈에 대해 어떻게 생각하고 있는지 잘 보여주는데요. 돈과 행복의 상관관계에 대한 질문에 77%의 학생들이 "돈을 많이 벌면 행복할 것 같다"라고 응답한 반면, 23%는 "돈과 행복은 별 관계가 없다"라고 응답했습니다. 이 수치는 돈이 아이들의 행복과 미래 계획에 있어서 중요한 요소로 자리 잡고 있음을 시사합니다. 또한 68%의 학생들은 "돈을 많이 벌기 위해서는 열심히 공부해야 한다"라고 생각하는 반면, 32%는 "돈을 많이 벌기 위해서는 공부 외에도 다른 방법이 있다"라고 답했습니다. 이 결과는 공부와 경제적 성공(돈을 많이 버는 것)을 연결 지으려는 사고가 이미 어린 나이에 형성되고 있다는 사실을 반영합니다.

그러나 이처럼 돈이 중요한 삶의 목표가 되는 현상은 긍정적일 수도 있지만, 아이들의 꿈이 단지 경제적 성공에만 국한되도록 만드는 문제점을 낳을 수도 있습니다. 어린 나이에 돈의 중요성을 인식하는 것은 필요하지만, 돈이 삶의 모든 것을 결정하는 첫 번째 기준이 되어서는 안 됩니다.

삶의 질을 높이는 데 돈이 중요한 요소라는 점은 분명하지만, 그보다 더 중요한 것은 자신이 무엇을 이루고 싶은지에 대한 본질적인 질문입니다. 돈의 가치와 중요성은 그대로 인지하고 받아들이되, 폭넓고 다양한 꿈을 꿀 수 있도록 부모가 도와줘야 합니다.

꿈이란 단순히 미래에 가지고 싶은 직업만을 말하는 것이 아닙니다. 그리고 돈을 알고 돈을 벌기 위해 직업을 가지는 것도 아닙니다. 직업을 가진 어른들도 삶에 대해 다양한 꿈을 꿉니다. 꿈은 어떤 존재가 되고 싶은지, 어떤 일을 하고 싶은지에 대한 우리의 바람이고, 직업은 그 바람을 현실화하기 위한 수단이라고 볼 수 있습니다. 꿈은 동사형으로 표현할 수 있고, 직업은 명사형으로 표현할 수 있습니다. 예를 들어, "가르치다"는 꿈이라면, 교사나 교수는 그 꿈을 실현하기 위한 직업입니다.

아이들과 함께 미래에 어떤 일을 하고 싶은지를 생각해보는 것부터 꿈의 시작입니다. 꿈은 삶의 목표가 되고 목표는 당장의 계획이 됩니다. 꿈을 이루기 위해 목표를 세분화하고 계획을 세우면 아이들의 의욕을 높일 수 있고 시간 낭비를 줄일 수 있습니다. 아이가 자신의 꿈을 이루기 위해 노력하는 과정에서 자립심을 기를 수 있고, 시간의 소중함도 배울 수 있습니다. 이 과정에서 자연스럽게 올바른 경제 관념도 배울 수 있습니다.

2023년 기준 한국의 대학 진학률은 76.2%로 OECD 국가 중 가장 높은 수준입니다. 이는 매년 꾸준히 증가하며, 한국 사회의 교육열이 매우 높음을 보여줍니다. 그리고 그들의 미래와 직결되는 대학 전공은 보통 성적에 맞추어 고르게 됩니다. 아이들은 세상에 대해 모르고 오직 공부만을 위해 전진하는 것입니다. "꿈이 무엇인가요?"라는 질문은 어린아이들에게는 장래희망으로 풀이되지만, 성장하면서 뭐라고 답변해야 할지 어려워집니다. 어른이 된다는 것은 스스로 돈을 벌고 사회에서 인정받으며 자립해나가는 것입니다. 어린 시절부터 이에 대한 이해와 고민을 바탕으로 가정 안팎의 경제를 이해하려는 시도는 아이에게 구체적인 꿈을 꾸는 기회를 주는 것과 같습니다.

아이와 함께
찾아가는 경제 교육 박물관

1. 한국은행 화폐박물관

• **위치**: 서울특별시 중구 남대문로 39

한국은행 화폐박물관은 한국의 화폐 역사와 금융 발전사를 한눈에 볼 수 있는 공간입니다. 고대에서 현대에 이르기까지 다양한 시대의 화폐와 기념주화가 전시되어 있어 교육적 가치가 큽니다. 희귀한 세계 각국의 화폐도 전시되어 있어 국제적인 화폐의 다양성을 체험할 수 있습니다. 전시 외에도 화폐의 제작 과정과 화폐 속 역사적 인물들에 대한 설명이 있어 더욱 흥미롭습니다. 또한 아이들의 얼굴이 나오는 화폐 제작, 화폐 무게 체험 등 아이들이 직접 참여할 수 있는 공간이 많기 때문에 재미있게 관람할 수 있습니다.

- **입장료**: 무료

- **예약 필요 여부**: 예약 필요 없음

- **운영시간**: 화요일 ~ 일요일 10:00 ~ 17:00 (월, 공휴일 휴관)

- **홈페이지**: www.bok.or.kr/main/main.do

2. 한국 조폐공사 화폐박물관

- **위치**: 대전광역시 유성구 과학로 80-67

한국 조폐공사 화폐박물관은 대한
민국의 화폐 제조 과정과 역사에
대해 깊이 있게 소개하는 박물관입
니다. 다양한 기념주화와 지폐들
이 전시되어 있으며, 화폐가 만들
어지는 과정을 직접 체험할 수 있
습니다. 조폐공사의 고유 기술력과 안전성이 돋보이는 전시물들이 흥미로우며,
특히 어린이들을 위한 화폐 교육 프로그램이 잘 마련되어 있습니다. 위조지폐 감
별기, 동전 제작 등 아이들이 실제로 참여할 수 있는 체험 콘텐츠가 많아 재미있게
관람할 수 있습니다.

- **입장료**: 무료

- **예약 필요 여부**: 예약 필요 없음

- **운영시간**: 화요일 ~ 일요일 10:00 ~ 17:00 (월, 공휴일 휴관)

- **홈페이지**: museum.komsco.com

3. 신한은행 한국금융사박물관

- **위치**: 서울특별시 중구 세종대로 135-5

신한은행 한국금융사박물관은 한국 금융사의 변천사와 신한은행의 역사를 소개하는 박물관입니다. 금융 관련 다양한 전시물과 자료들이 있으며, 금융 시스템의 발전 과정과 현재의 첨단 금융기술을 이해할 수 있는 내용이 전시되어 있습니다. 또한 어린이와 청소년을 위한 금융 교육 프로그램도 제공되어 금융에 대한 기초 지식을 재미있게 배울 수 있습니다. 홈페이지를 통해 다양한 프로그램을 사전 예약할 경우 어린이금융체험교실, 국채보상운동 등 다양한 체험활동을 경험할 수 있습니다.

- **입장료**: 무료
- **예약 필요 여부**: 예약 필요 없음
- **운영시간**: 월요일 ~ 토요일 10:00 ~ 18:00 (일, 공휴일 휴관)
- **홈페이지**: www.beautifulshinhan.co.kr

4. 국세청 국립조세박물관

- **위치**: 세종특별자치시 국세청로 8-14

국세청 국립조세박물관은 한국의 세금 역사와 관련 제도를 소개하는 박물관입니다. 조세의 중요성과 역할에 대해 배우며, 다양한 세금 관련 유물과 자료들이 전시

되어 있습니다. 세금의 발전 과정을 통해 국가 경제와의 관계를 이해할 수 있는 교육적 콘텐츠가 풍부합니다. 특히 유아부터 어린이와 청소년을 대상으로 한 세금 체험 프로그램이 마련되어 있어 세금의 의미를 쉽게 배울 수 있습니다. 비교적 시설이 깔끔하고 아이들을 위한 게임, 콘텐츠, 체험 등의 공간이 잘 꾸며져 있어서 추천합니다. 개인관람은 예약이 필요 없지만 교육프로그램을 이용 시에는 사전 예약이 필요합니다.

- **입장료**: 무료
- **예약 필요 여부**: 예약 필요 없음
- **운영시간**: 화요일 ~ 일요일 09:00 ~ 18:00 (월, 공휴일 휴관)
- **홈페이지**: www.nts.go.kr/museum/main.do

5. 우리은행 은행사박물관

- **위치**: 서울특별시 중구 소공로 51

우리은행 은행사박물관은 우리은행의 역사와 한국 금융사를 전시하는 곳입니다. 은행 관련 유물과 자료들이 다양하게 전시되어 있으며, 은행의 발전 과정과 현대 금융 시스

템의 작동 원리를 배울 수 있습니다. 특히 금융과 관련된 다양한 체험 프로그램이 마련되어 있어 어린이들이 금융의 기초 지식을 쉽게 이해할 수 있습니다.

- **입장료**: 무료
- **예약 필요 여부**: 예약 필요 없음
- **운영시간**: 월요일 ~ 금요일 10:00 ~ 18:00 (토, 일, 공휴일 휴관)
- **홈페이지**: www.woorimuseum.com

6. 증권박물관

- **위치**: 부산광역시 남구 전포대로 133

증권박물관 부산관은 한국 증권 시장의 역사와 발전 과정을 소개하는 박물관입니다. 증권 거래의 중요성과 다양한 증권 관련 유물들이 전시되어 있으며, 증권 시장의 변화를 한눈에 볼 수 있습니다. 특히 가상 증권 거래 체험과 같은 체험 프로그램이 잘 마련되어 있어 어린이와 청소년들이 증권에 대해 쉽게 배울 수 있습니다.

- **입장료**: 무료
- **예약 필요 여부**: 예약 필요 없음
- **운영시간**: 월요일 ~ 토요일 10:00 ~ 18:00 (일, 공휴일 휴관)
- **홈페이지**: bsmuseum.ksd.or.kr

2부

실전편

경제 개념, 소비 습관,
돈 관리법까지 배우는
쉽고 재미있는
경제 놀이

돈이란
무엇일까요?

'STEP 1'은 아이들이 돈의 기본적인 개념을 이해하고, 돈과 친해져서 스스로 경제적 결정을 내리는 데 필요한 가장 기초적인 토대를 만드는 단계입니다. 그래서 돈의 형태(지폐와 동전)와 사용 방법, 구매력과 같은 기본적인 개념들을 쉽고 재미있게 알려주는 것이 중요합니다. 이런 교육은 아이들에게 돈이 단순한 물리적 객체가 아니라 중요한 교환 수단임을 알려줍니다.

◆ 돈의 개념

현금을 통해 돈의 개념을 소개하고, 다양한 놀이로 이 개념을 확장시키는 것은 아이들이 돈의 생김새와 기능을 이해하는 데 매우 효과적입니다. 이러한 놀이는 아이들의 수학적 사고력을 향상시키고, 돈을 세거나 거스름돈을 계산하는 활동을 통해서는 덧셈과 뺄셈도 자연스럽게 익힐 수 있습니다.

이러한 놀이를 통해 아이들은 돈의 기본 개념을 이해하게 됩니다. 감각적 학습으로 돈의 물리적 형태와 특성을 탐구하고, 창의적 표현과 상상력을 자극하는 활동들은 돈이 거래의 수단을 넘어 각국의 문화와 역사를 반영하는 매개체임을 깨닫게 합니다. 퍼즐 맞추기, 위조지폐 찾기 등과 같이 문제 해결과 비판적 사고를 요구하는 놀이는 아이들의 관찰력과 분석력을 키우며, 앞으로 돈과 관련된 결정을 내릴 때 필요한 사고력을 강화시킵니다.

✦ 경제 관념

돈을 주제로 한 교육은 아이들에게 도덕적이고 윤리적인 선택에 대해 생각해보는 기회를 제공합니다. 예를 들어, 돈을 공정하게 나누는 방법, 돈으로 좋은 일을 하는 방법 등을 아이와 함께 이야기할 수 있습니다. 이러한 교육은 아이들에게 긍정적인 정서 함양과 책임감 있는 사회 구성원으로 성장하는 데 필요한 기술과 가치관을 갖도록 돕습니다.

✦ 외화와 환율

"돈을 알면 세상이 보인다"라는 말이 있습니다. 이처럼 돈을 공부한다는 건 단순히 물건을 사는 것에 국한하지 않고, 세계적으로 통용되는 교환 수단으로서 경제, 사회, 정치 각 영역에서 돈이 어떠한 역할을 하는지 알 수 있게 합니다. 더불어 다양한 국가와 문화에서의 가치 교환 방식을 배우고, 국제 경제가 어떻게 작동하는지에 대해서도 기초적인 이해를 할 수 있습니다.

이처럼 'STEP 1'에서 소개하는 놀이들은 아이들에게 돈의 다양한 측면을 재미있고 교육적인 방법으로 소개합니다. 이를 통해 아이들에게 돈의 다양한 측면을 경험하고 학습할 수 있는 풍부한 기회를 제공하며, 아이들이 올바른 금융 습관과 긍정적인 경제 가치관을 개발하는 데 중요한 역할을 할 것입니다. 이러한 경험은 아이들이 경제적으로 자립하고 사회적으로 책임감 있는 어른으로 성장하는 데 기초를 마련합니다.

콩 쟁반 속 동전 찾기

STEP 1

콩의 질감을 느끼며 쟁반 속에서 동전을 찾는 놀이로, 재료의 촉감을 느끼며 동전을 찾아내는 과정에서 소근육이 발달합니다.

(발달영역)

돈의 개념

인지 발달

오감자극

소근육 발달

(추천연령) 4~5세

(난 이 도) ★☆☆☆☆

(소요시간) 10분

(준 비 물) 쟁반, 콩, 다양한 동전들

(기대효과) 자연스럽게 다양한 크기의 동전과 친해질 수 있습니다.

(방 법)
❶ 콩을 쟁반에 가득 담습니다.
❷ 콩 쟁반 속에 다양한 동전(10원, 50원, 100원, 500원)을 넣어주세요.
❸ 쟁반 속에 숨겨진 동전들을 찾아봅니다.

⊕ TIP

콩 대신 나뭇잎, 모래, 소금 등으로 대신할 수 있습니다.

⊕ PLUS

같은 동전을 여러 개 준비해서 놀이를 마친 후 같은 동전끼리 분류해보세요. 아직 숫자를
모르는 아이들도 같은 그림을 찾는 놀이를 통해 인지 능력이 발달합니다. 수와 크기를 아는
아이들에게는 어떤 동전이 더 큰 단위의 돈인지도 알려주면 좋습니다.

STEP 1 감자 동전 도장 찍기

감자로 동전 도장을 만들어 감자 안에 숨어 있는 동전을 찾는 놀이로, 도장을 쥐고 찍는 과정에서 소근육이 발달합니다.

(발달영역)

돈의 개념

인지 발달

오감자극

소근육 발달

(추천연령) 4~5세

(난 이 도) ★☆☆☆☆

(소요시간) 20분

(준 비 물) 감자, 조각칼, 물감, 접시, 붓, 종이, 나무젓가락

(기대효과) 자연스럽게 다양한 크기의 동전과 친해질 수 있습니다.

(방 법)

1. 감자를 깨끗이 씻고 반으로 자릅니다.
2. 조각칼을 이용하여 감자의 단면에 동전 속 숫자를 조각합니다. (반드시 부모가 해주세요)
3. 감자에 나무젓가락을 꽂아줍니다.
4. 접시에 물감을 적당히 짜고, 감자 단면에 붓으로 물감을 골고루 발라 감자 도장을 찍습니다.

⊕ TIP

감자 대신 당근, 고구마 등 다양한 채소를 활용할 수 있습니다.

동전 스크래치 하기

실제 동전을 다양한 색상으로 스크래치 하는 놀이로, 동전의 크기가 각각 다르다는 걸 직접 경험함으로써 돈의 차이를 배울 수 있습니다.

발달영역

돈의 개념

인지 발달

오감자극

소근육 발달

추천연령 4~5세

난 이 도 ★☆☆☆☆

소요시간 10분

준 비 물 종이, 크레파스, 다양한 동전들

기대효과 여러 가지 색상으로 자유롭게 표현하며 아이의 정서 발달에 도움을 줄 수 있습니다.

방 법
1 다양한 동전을 종이 밑에 깔고, 크레파스로 스크래치 합니다.
2 다양한 동전을 앞, 뒤로 스크래치 합니다.
3 색칠한 동전의 크기를 비교해봅니다.
4 색칠한 동전의 합을 알아봅니다.

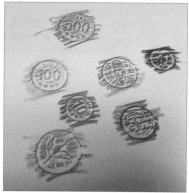

+ PLUS

아이가 아직 수 개념을 이해하기 어렵다면 스크래치 놀이만 해도 좋습니다. 스크래치 한 동전에 꽃, 눈사람 등의 그림을 그리며 창의력 놀이를 할 수 있습니다. 동전의 앞면과 뒷면을 각각 스크래치 한 뒤 오려서 붙여도 좋습니다. 실제 동전과 크기가 같은 색깔 동전을 만들어보세요.

동전 앞뒤 뒤집기

손바닥으로 바닥을 쳐서 동전을 뒤집는 놀이로, 이 과정에서 무거운 동전과 가벼운 동전을 비교하여 무게와 동전 금액의 차이를 함께 배울 수 있습니다.

(발달영역)

화폐, 돈의 크기

인지 발달

집중력 향상

(추천연령) 4~7세

(난 이 도) ★☆☆☆☆

(소요시간) 10분

(준 비 물) 동전, 책

(기대효과) 동전을 뒤집으면서 앞면과 뒷면에 어떤 그림과 글자가 있는지 관찰할 수 있습니다.

(방   법)
❶ 여러 개의 동전을 책 위에 올려 놓습니다.

❷ 손바닥으로 동전 주변 바닥을 쳐서 동전을 뒤집어봅니다.

❸ 10원, 50원, 100원, 500원을 모두 해보며, 각 동전의 무게와 크기의 차이를 느껴봅니다.

❹ 무거운 동전과 가벼운 동전을 비교하여 뒤집어보며, 어떤 동전이 더 쉽게 뒤집히는지 함께 이야기합니다.

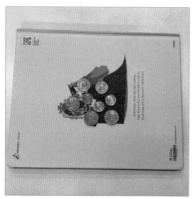

동전을 뒤집어 특정 면이 나오면 점수를 주는 게임을 만들 수도 있습니다. 예를 들어, 여러 개의 동전을 앞면으로 두고 앞면이 그대로 나오면 1점, 뒷면이 나오면 2점을 주는 식으로 점수를 매겨봅니다. 점수를 계산하는 과정에서 수학적 사고를 함께 키울 수 있습니다.

얼음 속 동전 찾기

차가운 얼음 속에 숨은 동전을 찾는 놀이로, 여러 가지 색상의 얼음을 통해 아이의 미적 감수성과 정서 발달도 함께 이루어집니다.

(발달영역)

돈의 개념

인지 발달

오감자극

소근육 발달

(추천연령) 4~5세

(난 이 도) ★☆☆☆☆

(소요시간) 15분

(준 비 물) 얼음 틀, 물, 식용색소, 동전, 쟁반

(기대효과) 얼음 속에 숨은 동전을 꺼내는 과정에서 다양한 형태의 동전과 친해질 수 있습니다.

(방 법)

❶ 물에 식용색소를 풀고 얼음 틀을 반쯤 채워줍니다.

❷ 각 얼음 틀에 다양한 동전을 넣어서 함께 얼립니다.

❸ 얼음이 얼면 동전 얼음을 틀에서 꺼냅니다.

❹ 동전 얼음을 쟁반에 담아 얼음이 녹으면 숨은 동전을 찾습니다.

➕ TIP

얼음 틀 대신 종이컵을 이용하여 얼릴 수도 있습니다.

➕ PLUS

따뜻한 물을 부어 얼음을 녹이면서 동전을 꺼낼 수도 있습니다. 따뜻한 물 속에서 얼음이
녹는 과정을 관찰하면서 과학 놀이로 확장할 수 있습니다.

숨은 돈 찾기

도화지에 물감을 칠하며 숨어 있는 돈을 찾는 놀이로, 여러 가지 색상을 칠하며 아이의 미적 감수성 및 정서 발달도 함께 이루어집니다.

발달영역

돈의 개념

인지 발달

소근육 발달

추천연령 4~6세

난 이 도 ★☆☆☆☆

소요시간 10분

준 비 물 도화지, 하얀색 크레파스, 물감, 붓

기대효과 다양한 형태의 화폐와 친해질 수 있습니다.

방 법

❶ 하얀색 크레파스로 도화지에 다양한 동전과 지폐 그림을 그립니다.

❷ 아이가 원하는 여러 가지 색의 물감을 붓에 묻혀, 하얀 도화지에 숨은 화폐를 찾으며 색칠합니다.

❸ 나타난 화폐의 금액을 계산하는 등 아이와 다양한 대화를 나눕니다.

물감의 농도가 너무 진하면 하얀색 크레파스로 그린 그림이 잘 보이지 않을 수 있습니다.

물감에 물을 적당히 섞어서 사용해주세요.

STEP 1 동전 퍼즐 맞추기

좋아하는 그림에 동전으로 퍼즐을 맞추는 놀이로, 그림 속에 나타난 동전과 같은 실제 동전을 찾아내는 과정에서 인지 발달이 이루어집니다.

(발달영역)

돈의 개념

인지 발달

(추천연령) 4~5세

(난 이 도) ★☆☆☆☆

(소요시간) 10분

(준 비 물) 컴퓨터(작업용), 프린터, 동전

(기대효과) 다양한 형태의 동전과 친해질 수 있습니다.

(방 법) ❶ 아이가 좋아하는 그림을 준비합니다. 〈269~271쪽 부록1 사용〉

❷ 그림 안쪽에 다양한 동전 그림을 삽입합니다.

❸ 도안이 완성됐다면 프린터로 출력합니다.

❹ 도안과 동전을 제공하여 아이가 퍼즐처럼 맞추도록 합니다.

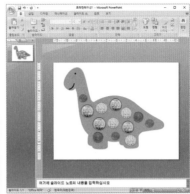

나만의 돈 그리기

지폐 속 인물과 단위를 자유롭게 그리고 꾸미는 놀이로, 각 화폐 속 인물과 단위를 관찰하여 화폐의 차이를 배울 수 있습니다.

(발달영역)

돈의 개념

소근육 발달

창의력 발달

(추천연령) 4~7세

(난 이 도) ★★☆☆☆

(소요시간) 20분

(준 비 물) 실제 지폐, 색상지, 가위, 펜, 색연필, 꾸미기 재료(스티커 등)

(기대효과) 화폐 속에 들어갈 것들을 자유롭게 상상하고 그리면서 창의적 사고와 표현력을 기릅니다.

(방　　법) ❶ 색상지를 실제 지폐 크기로 자릅니다.

❷ 실제 지폐를 참고해서 종이 지폐를 자유롭게 채워줍니다.

❸ 지폐의 앞면과 뒷면을 모두 꾸며줍니다.

⊕ TIP

한국 지폐뿐 아니라 외국 지폐를 준비해서 함께 꾸며도 좋습니다. 이 과정에서 화폐에 담긴 외국의 문화와 역사를 자연스럽게 학습할 수 있습니다.

지폐 속에 내 얼굴 넣기

지폐 속 위인을 찾고 그 위에 자신의 사진을 붙이는 놀이로, 각 화폐 속 인물과 단위를 관찰하여 화폐의 차이를 배우고, 화폐 속 인물을 통해 한국의 역사도 학습할 수 있습니다.

발달영역

돈의 개념

인지 발달

추천연령 4~7세

난 이 도 ★☆☆☆☆

소요시간 15분

준 비 물 프린터, 칼, 종이, 풀, 벨크로, 아이 사진

기대효과 화폐를 구성하는 다양한 요소들을 학습하며 현금과 친숙해집니다.

방 법 ① 지폐 도안을 준비하고, 아이의 사진도 지폐 개수만큼 준비합니다.

⟨273~275쪽 부록2 사용⟩

② 지폐 도안 속 인물 부분을 동그랗게 칼로 잘라냅니다.

③ 지폐 도안 뒷면에 종이를 덧대어 줍니다.

④ 지폐와 사진 뒷면에 각각 벨크로를 붙입니다.

⑤ 인물이 없는 지폐 도안에 아이의 사진을 붙이며 놀이합니다.

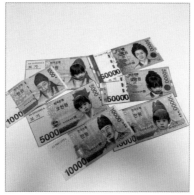

⊕ TIP

한국은행에서 운영하는 '화폐박물관'에 방문하면 아이의
사진을 담은 지폐를 기념으로 인화할 수 있습니다.

화폐 속
인물들

화폐는 단순한 거래 수단을 넘어 그 나라의 역사와 문화를 담고 있는 중요한 상징입니다. 대개 지폐에는 국가를 대표하는 인물의 초상이 사용되는데, 이는 그 인물이 중요한 역할을 했고, 많은 사람들이 그 얼굴을 알아보기 때문에 위변조를 어렵게 만듭니다.

또한 화폐에는 국가를 대표하는 동물, 식물, 건축물, 문화재 같은 상징적인 요소도 포함됩니다. 예를 들어, 10원 동전에는 국보 제20호인 '불국사 다보탑'이 있고, 5천 원 지폐에는 이이의 어머니인 신사임당이 그린 초충도의 일부가 있으며, 1만 원 지폐에는 조선시대 때 왕이 앉는 자리 뒤에 놓여 있던 '일월오봉도'가 들어가 있습니다. 이처럼 화폐는 국가의 역사와 문화를 반영하며, 그 나라의 정체성을 나타내는 중요한 역할을 합니다.

이런 이유로 아이들과 함께 지폐 속 인물들을 알아보는 것은 매우 교육적입니다. 이 활동을 통해 아이들은 우리나라의 역사와 문화를 자연스럽게 배우고, 지폐에 등장한 인물들이 어떤 중요한 업적을 이루었는지 알게 됩니다. 또한 이 과정에서 우리나라를 대표하는 인물들을 이해하면서 애국심도 자연스럽게 키울 수 있습니다. 이처럼 지폐에 그려진 인물들의 업적과 가치를 배우는 것은 단순한 경제 교육을 넘어, 이들이 우리에게 어떤 의미를 지니고 있는지 깊이 이해할 수 있는 기회를 제공합니다.

1천 원 지폐 - 이황 (퇴계)

이황은 조선시대의 유명한 학자입니다. 그는 유교라는 철학을 연구하고 가르쳤으며, 유교는 사람들이 예의와 도리를 지키면서 바르게 사는 것을 중요하게 여기는 철학입니다. 이황이 1천 원 지폐에 있는 이유는, 그의 가르침이 지금까지도 많은 사람들에게 큰 영향을 주고 있기 때문입니다. 1천 원 지폐는 일상에서 가장 자주 사용하는 돈이기 때문에, 이황처럼 중요한 인물이 그려진 것입니다.

5천 원 지폐 - 이이 (율곡)

이이 역시 조선시대의 유명한 학자입니다. 이황보다 후에 태어난 그는 실천적인 학문을 중요하게 여겼습니다. 실천적인 학문이란 단순히 공부하는 것을 넘어서, 나라와 백성을 위해 실질적으로 도움이 되는 방법을 찾는 것입니다. 이이가 5천 원 지폐에 있는 이유는, 나라를 더 잘 다스릴 방법을 많이 생각하고, 실제로 그런 정책들을 제안했기 때문입니다.

1만 원 지폐 - 세종대왕

세종대왕은 조선의 네 번째 왕이며, 우리나라 글자인 한글을 창제한 왕입니다. 한글 덕분에 우리 민족은 글을 쉽게 읽고 쓸 수 있게 되었고, 이는 문화와 교육의 발전에 큰 기여를 했습니다. 세종대왕이 1만 원 지폐에 있는 이유는, 한글을 만들고 조선을 발전시킨 그의 업적이 매우 크기 때문입니다. 이로 인해 세종대왕은 우리 역사에서 가장 중요한 왕 중 한 명으로 여겨지며, 1만 원 지폐에 그의 얼굴이 그려지게 되었습니다.

5만 원 지폐 - 신사임당

신사임당은 이이의 어머니로, 뛰어난 예술가이자 훌륭한 어머니로 알려져 있습니다. 당시 여성으로서 예술 활동을 하는 것은 쉽지 않았지만, 신사임당은 그러한 어려움 속에서도 그림과 시를 남기며 예술적 업적을 쌓았습니다. 그녀가 5만 원 지폐에 있는 이유는, 이상적인 여성의 모습을 대표하며, 훌륭한 자녀를 양육한 어머니로서 존경받기 때문입니다. 5만 원 지폐에는 신사임당을 통해 우리 사회에서 여성의 역할과 가치를 강조하려는 의미가 담겨 있습니다.

STEP 1 색종이 돈 꽂꽂이하기

꽂꽂이 놀이를 하며 화폐와 친숙해지는 놀이로, 정서 발달을 돕고 종이를 자르고 붙이며 소근육도 발달합니다. 색종이로 돈을 만드는 게 어렵다면 기존의 화폐 교구(277~295쪽 부록3 사용)를 대신 사용해도 좋고, 스티로폼 대신 플로랄폼으로 만들 수도 있습니다.

(발달영역)

돈의 개념

소근육 발달

정서 발달

(추천연령) 4~6세

(난 이 도) ★☆☆☆☆

(소요시간) 30분

(준 비 물) 색종이, 가위, 펜, 테이프, 꽃 철사, 스티로폼, 꽃 바구니

(기대효과) 색종이로 돈을 만들며 정서 함양과 다양한 형태의 화폐와 친해질 수 있습니다.

(방 법) ❶ 꽃 바구니에 스티로폼을 넣어줍니다.

❷ 가위를 이용해서 색종이로 동그라미(동전)와 네모(지폐) 모양을 여러 개 자르고, 펜으로 각각 금액을 적습니다.

❸ 꽃 철사에 테이프를 이용해서 색종이 돈을 붙입니다.

❹ 완성된 색종이 돈을 자유롭게 바구니에 꽂아줍니다.

STEP 1 색종이 돈 마트 장보기

같은 색을 찾아 돈으로 지불하는 마트 놀이로, 돈이 결제 수단이자 교환 가치를 지녔다는 것을 화폐 대신 색을 이용하여 배울 수 있습니다.

(발달영역)

돈의 기능과 가치

인지 발달

집중력 향상

(추천연령) 4~5세

(난 이 도) ★★☆☆☆

(소요시간) 20분

(준 비 물) 색종이, 가위, 색깔 스티커, 마트 놀이 장난감

(기대효과) 돈의 기능을 배울 수 있습니다.

(방　　법)
① 마트 놀이 장난감에 스티커의 색깔을 다르게 해서 다양하게 붙입니다.
② 스티커와 같은 색의 색종이를 적당한 크기로 여러 장 잘라줍니다.
③ 장난감 물건에 붙은 스티커와 같은 색의 종이를 돈으로 지불합니다.
④ 함께 마트 놀이를 하며 돈의 기능을 학습합니다.

색종이 대신 색깔 자석, 폼폼이 등을 이용하여 놀이할 수도 있습니다.

STEP 1

지퍼백 금고 만들기

동전의 무게를 비교하며 돈의 금액 차이를 느껴보는 놀이로, 직접 현금을 보고 만지며 소근육도 함께 발달합니다.

(발달영역)

화폐, 돈의 크기

경제 관념

인지 발달

소근육 발달

(추천연령) 4~6세

(난 이 도) ★☆☆☆☆

(소요시간) 10분

(준 비 물) 지퍼백 4개, 500원 동전(132개), 지폐 종류 별로 1장씩

(기대효과) 동전의 무게를 통해 각 지폐 금액의 차이를 직관적으로 느낄 수 있습니다.

(방   법) ❶ 각각의 지퍼백에 지폐를 한 장씩 넣어줍니다.

❷ 각 지폐의 금액과 동일하게 500원 동전을 지퍼백에 채웁니다(예: 1천 원 지퍼백 에는 500원 동전 2개, 5천 원 지퍼백에는 500원 동전 10개).

❸ 아이와 지퍼백을 하나씩 들어보며 무게의 차이를 느끼고, 지폐를 보며 금액의 차이를 느껴봅니다.

⊕ TIP

동전 교환은 가까운 은행에서 하면 됩니다. 은행마다 동전 교환 이용 시간이 제한적이거나 서비스를 제공하지 않는 지점이 있을 수 있으니 방문 전 확인 후 방문하시기 바랍니다. 마트에 있는 동전 교환기를 이용해도 좋습니다.

STEP 1

동전 지폐 손뼉 치기

동전과 지폐의 모양에 따라 손 모양을 다르게 하는 놀이로, 집중력이 향상되고 자연스럽게 지폐와 동전의 차이를 인식하게 됩니다.

(발달영역)		(추천연령) 4~7세
돈의 개념		(난 이 도) ★★☆☆☆
		(소요시간) 15분
인지 발달		(준 비 물) 화폐 도안, 가위, 풀, 하드보드지
		(기대효과) 동전과 지폐의 모양을 배울 수 있습니다.
집중력 향상		

(방　법)

❶ 다양한 지폐와 동전 도안을 준비합니다. (같은 화폐를 4개씩 준비합니다.)

< 277~295쪽 부록3 사용 >

❷ 하드보드지의 위아래를 구분하여 지폐와 동전을 각각 2개씩 붙여줍니다.

❸ 지폐는 손바닥으로, 동전은 주먹으로 치는 것입니다.

❹ 부모가 지폐 또는 동전을 먼저 치면, 아이가 따라서 치며 놀이합니다.

STEP 1 달걀판 지갑 계산하기

달걀판에 탁구공을 하나씩 담으며 돈을 세어보는 놀이로, 돈의 가치를 계산하면서 수학적 사고가 발달합니다. 소유의 개념도 배울 수 있습니다.

발달영역

돈의 기능과 가치

소근육 발달

수학적 사고

추천연령 5~7세, 초등 저학년

난 이 도 ★★☆☆☆

소요시간 20분

준 비 물 달걀판, 탁구공, 바구니, 펜

기대효과 달걀판에 탁구공 돈을 하나씩 모으면서 돈의 기능(가치 저장)을 학습할 수 있습니다.

방 법
❶ 탁구공에 금액을 쓰고 바구니에 담아 준비합니다.
❷ 바구니에서 탁구공을 뽑아 자신의 달걀판에 담습니다.
❸ 달걀판이 가득 차면 탁구공에 적힌 금액의 합을 계산합니다.

➕ PLUS

어린아이는 아직 큰 수 계산이 어렵기 때문에 탁구공에 금액을 적을 때 한 자릿수로 적으면 좋습니다. 초등 저학년이라면 친구와 함께 달걀판 2개를 하나씩 나눠 가지고, 번갈아서 탁구공을 뽑을 수도 있습니다. 이 경우 누가 더 큰 금액이 나왔는지 함께 계산해볼 수 있습니다.

STEP 1 숫자 자릿수로 돈 나누기

숫자의 자릿수 개념을 실제 돈을 통해 배우는 놀이로, 수의 크기와 구성 요소를 이해하고 화폐 금액을 실제로 계산할 수 있습니다.

(발달영역)

돈의 개념

수학적 사고

집중력 향상

(추천연령) 5~7세, 초등 저학년

(난 이 도) ★★★☆☆

(소요시간) 20분

(준 비 물) 실제 화폐, 색상지, 벨크로, 숫자카드(0~9) 여러 장

(기대효과) 경제 교육과 함께 숫자를 읽고 쓰는 능력이 향상됩니다.

(방　　법) ❶ 색상지를 적당한 크기로 오려서 5개 준비합니다.

❷ 해당 카드를 일렬로 종이에 붙이고, 왼쪽부터 '만, 천, 백, 십, 일'이라고 씁니다.

❸ 자릿수 카드와 숫자카드에 각각 벨크로를 붙입니다.

❹ '일'의 자리는 0으로 고정하고, 다른 자릿수에는 다양한 숫자를 붙입니다.

❺ 각 자릿수에 해당하는 화폐를 숫자카드의 수만큼 올리고 개수를 세어봅니다.

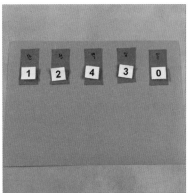

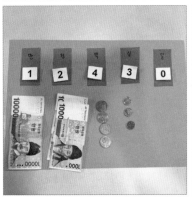

STEP 1 물티슈 세계화폐 찾기

물티슈 뚜껑을 하나씩 열며 세계의 다양한 돈을 익히는 놀이로, 다양한 나라의 돈의 단위를 배울 수 있습니다.

(발달영역)

외화와 환율

소근육 발달

집중력 향상

(추천연령) 4~5세

(난 이 도) ★☆☆☆☆

(소요시간) 15분

(준 비 물) 물티슈 캡, 하드보드지, 각국의 지폐 샘플
(한국, 미국, 중국, 유럽 등), 풀, 양면테이프

(기대효과) 세계의 다양한 화폐의 존재를 배우고 경험
합니다.

(방 법) ❶ 하드보드지에 물티슈 캡을 양면테이프를 이용해서 붙입니다.

❷ 물티슈 캡의 뚜껑을 열고, 각국의 화폐를 붙이고, 물티슈 캡을 닫은 뒤, 뚜껑에
각 국가의 국기를 붙입니다. ⟨297쪽 부록4 사용⟩

❸ 물티슈 캡을 하나씩 열어보며 어느 나라의 화폐인지 함께 알아봅니다.

➕ PLUS

국가별 화폐 단위(원, 달러, 위안, 유로 등)를 함께 학습하면 좋습니다. 1천 원, 1달러, 5위안 등
국가별 화폐의 수량을 계산하는 데 기준이 되는 단위가 다르다는 것도 학습할 수 있습니
다. 비슷한 금액을 가진 지폐 화폐로 만들면 환율까지 공부할 수 있습니다. 예시로 한국의
1천 원, 미국의 1달러, 중국의 5위안을 각국의 대표 화폐로 활용하면 좋습니다.

STEP 1 세계화폐 짝짓기

다양한 지폐 그림을 맞추며 세계의 화폐를 알아보는 놀이로, 자연스럽게 세계화폐를 접하면서 국가마다 사용하는 지폐가 다르다는 것을 학습할 수 있습니다.

(발달영역)

외화와 환율

인지 발달

집중력 향상

(추천연령) 4~7세

(난 이 도) ★☆☆☆☆

(소요시간) 10분

(준 비 물) 각국의 지폐 샘플(한국, 미국, 유럽, 중국 등), 가위

(기대효과) 같은 그림의 지폐를 찾으며 집중력이 향상됩니다.

(방 법) ❶ 다양한 지폐 샘플을 가위로 3등분 합니다. (조각의 숫자에 따라 난이도를 조절할 수 있어요.) < 299~301쪽 부록5 사용 >

❷ 아이와 함께 같은 그림의 화폐끼리 짝지어 봅니다.

➕ TIP

어린아이는 다른 나라의 지폐 대신 한국의 지폐로만 놀이해도 좋습니다. '화폐 도안'을 검색하면 다양한 이미지의 세계 지폐 샘플을 사용할 수 있습니다.

다른 나라에서 음료수 사기

우리가 마시는 음료수가 다른 나라에서는 얼마인지 그 차이를 알아보는 놀이로, 환율을 이해하고 수학적 사고 발달도 이루어집니다. 음료수 대신 아이가 좋아하는 장난감이나 다른 물건으로 대체해도 좋습니다.

발달영역

경제 관념

외화와 환율

인지 발달

수학적 사고

추천연령 5~7세, 초등 저학년

난 이 도 ★★☆☆☆

소요시간 15분

준 비 물 각국의 화폐 샘플, 국기 사진, 벨크로, 색상지, 펜

기대효과 세계의 다양한 화폐의 존재를 배우고 경험합니다. 각 국가 돈의 크기와 단위를 알아갈 수 있습니다.

방 법

❶ 색상지에 각 국가의 이름을 쓰고, 각 국가의 화폐와 국기, 색상지에 각각 벨크로를 붙입니다. ⟨303쪽 부록6 사용⟩

❷ 음료수 한 병을 올려두고 해당하는 화폐 금액과 국기를 맞춰봅니다.

❸ 아이와 각국 화폐 속 숫자(액면 금액)와 단위를 읽어봅니다.

❹ 국가별로 숫자(액면 금액)가 왜 다른지 이야기를 나누어봅니다.

➕ TIP

환율 차이는 있으나 '한국 1천 원=미국 1달러=중국 5위안=일본 100엔'으로 계산하여 놀이합니다.

➕ PLUS

각 국가마다 다른 화폐를 쓰는 이유를 함께 알려줄 수 있습니다. 이유는 화폐를 발행하고 관리하는 것에 대한 각 국가의 정책과 시스템이 다르기 때문입니다. 각 국가의 상황에 맞는 화폐 시스템을 구축하기 위해 화폐가 달라진 것입니다. 아이들에게 쉽게 설명하기 위해서는 각 가정에서 사용하는 규칙과 약속이 다르듯이 국가마다 약속한 화폐도 다르다고 알려주면 좋습니다.

위조지폐 찾기

다양한 방법으로 위조지폐를 찾는 놀이로, 진짜 화폐를 가려내면서 지폐 속 다양한 구성 요소를 알 수 있습니다.

발달영역

돈의 개념

인지 발달

집중력 향상

추천연령 4~7세

난 이 도 ★★☆☆☆

소요시간 15분

준 비 물 지폐(1천 원, 5천 원, 1만 원, 5만 원)

기대효과 돈의 기능 중 교환 수단으로서 중요성에 대해 느낄 수 있어요.

방 법

❶ 지폐를 빛에 비추어 봅니다. 진짜 화폐는 빛에 비추면 왼쪽에 숨은 그림이 나타납니다.

❷ 지폐를 기울여 보면서 각도에 따라 변하는 홀로그램 무늬를 관찰합니다.

❸ 오른쪽 인물, 액면 숫자 부분을 만져봅니다. 진짜 화폐는 해당 부분에서 감촉이 느껴집니다.

⊕ PLUS

지폐의 일련번호가 회귀하다면 액면 금액의 몇 배 이
상의 가치를 지닌다고 하니 재미로 함께 살펴봐도 좋습
니다.

지폐에
숨은 그림

1만 원 지폐

숨은 그림이 있습니다. 지폐 좌측에 빛을 비추어 보면 도안 초상의 시선과 서로 마주보는 방향으로 그려져 있는 세종대왕 초상이 나타납니다.

보는 각도에 따라 무늬와 색상이 변하는 특수 필름입니다. 빛 아래에서 기울이면 우리나라 지도, 액면숫자 10000과 태극무늬, 4괘 3가지 형상이 번갈아 나타납니다.

지폐 뒷면에 빛을 비추어 보면 은행권 중앙 상단에 밝은 숨은 막대 2개가 나타나는 것을 확인할 수 있습니다.

특수 필름 띠로, 뒷면에 빛을 비추어 보면 선을 따라 반복적으로 쓰인 문자와 액면숫자(한국은행 BANK OF KOREA 10000)가 보입니다.

눈높이에서 지폐를 비스듬히 기울여 보면, 숨겨져 있는 문자 'WON'이 나타납니다.

5만 원 지폐

숨은 그림이 있습니다. 지폐 좌측에 빛을 비추어 보면 도안 초상의 시선과 서로 마주보는 방향으로 그려져 있는 신사임당 초상이 나타납니다.

띠형 홀로그램으로, 지폐 왼쪽 가장자리에 부착된 특수필름의 띠입니다. 우리나라 지도, 태극, 4괘 무늬가 번갈아 나타나며, 그 사이에 액면 숫자 50000이 세로로 쓰여 있습니다.

뒷면에 빛을 비추어 보면 앞면
과 뒷면의 무늬가 합쳐져 하나
의 태극무늬가 완성되어 보입
니다.

특수 인쇄 기법으로 구현한 그림
으로, 지폐를 비스듬히 눕히면 우
측 하단 동그라미 무늬 속에 숫자
5가 드러나 보입니다.

청회색 특수 필름 띠로, 여러 개의 태극무늬가 사방
연속으로 새겨져 있습니다. 지폐를 상하로 움직이면
무늬가 좌우로, 좌우로 움직이면 무늬가 상하로 움직
이는 것처럼 보입니다.

다양한 돈 찾기

우리 주변에서 다양한 형태로 변신한 돈을 찾아보는 놀이로, 다양한 지불 형태를 배우며 미래 돈의 모습도 함께 고민해볼 수 있습니다.

(발달영역)

돈의 개념

돈의 기능과 가치

인지 발달

(추천연령) 5~7세

(난 이 도) ★★☆☆☆

(소요시간) 15분

(준 비 물) 다양한 형태의 돈(현금, 카드, 통장, 금, 주식, 암호화폐 등)

(기대효과) 다양한 형태의 돈을 찾아보며 교환의 수단이자 가치를 지닌 돈의 기능을 학습합니다.

(방 법)
1. 현금, 카드, 금 등 다양한 형태의 돈을 찾아봅니다.
2. 주식, 암호화폐 등도 모바일이나 컴퓨터 화면을 인쇄하여 준비합니다.
3. 아이와 함께 다양한 형태의 돈에 대해 이야기를 나눠보세요.

⊕ TIP

실제로 해당 물건들을 구하기 어렵다면 그림으로 그리면서 놀이할 수 있습니다.

⊕ PLUS

미래의 돈은 어떤 형태일지 함께 이야기 나눠볼 수 있습니다. 과거에는 조개, 쌀, 엽전 등을 거쳐 돈, 카드, 암호화폐까지 변화했습니다. 요즘은 휴대전화를 이용한 모바일 결제도 당연해졌습니다. 이 과정을 아이와 공유하면서 미래의 돈은 어떻게 변화할지 함께 상상해보면 좋습니다.

예 지문으로 지불하는 돈, 세탁해서 사용할 수 있는 돈, 나만의 디자인이 가능한 현금 등.

화폐의 과거와 미래 알아보기

과거부터 현재까지 화폐의 변천 과정을 알아보는 놀이로, 경제 활동에서 화폐가 어떤 역할을 하는지 배울 수 있습니다.

(발달영역)

돈의 개념

경제 관념

인지 발달

사고력 발달

(추천연령) 4~7세, 초등 저학년

(난 이 도) ★★☆☆☆

(소요시간) 20분

(준 비 물) 종이, 펜

(기대효과) 과거의 화폐와 미래의 화폐를 상상하며 창의력과 상상력을 키울 수 있습니다.

(방   법) ❶ 아이와 함께 화폐의 변천 과정을 알아봅니다.

❷ 화폐가 변화한 이유도 함께 생각해봅니다.

❸ 확장해서 미래의 화폐 모습도 함께 상상해봅니다.

화폐의 변천 과정

물물 교환	화폐가 없던 시절에는 물건과 물건을 직접 교환했습니다. 예를 들어, 농부는 곡식을 주고 어부에게 물고기를 받았습니다. **장점**: 필요한 것을 직접 교환할 수 있어요. **단점**: 교환할 물건이 없으면 거래가 어려워요.
물품 화폐	조개껍데기, 소금, 곡식 등 사람들이 가치 있다고 여기는 물건을 화폐로 사용했습니다. 이런 물건들은 모두가 가치를 인정했기 때문에 화폐로 쓰였습니다. **장점**: 물물 교환보다 편리해요. **단점**: 보관이 어렵고, 휴대하기 불편해요.
금속 화폐	사람들은 금, 은, 구리 같은 금속을 화폐로 사용하기 시작했습니다. 이런 금속은 오래 보관할 수 있고, 가치를 쉽게 나눌 수 있습니다. **장점**: 내구성이 좋고, 휴대하기 편리해요. **단점**: 무겁고, 많이 이동하기 어려워요.
종이 화폐	중국에서 처음으로 종이 돈이 만들어졌습니다. 종이 돈은 금속 돈보다 가볍고, 많은 가치를 쉽게 운반할 수 있었습니다. **장점**: 가볍고 휴대하기 편리해요. **단점**: 위조가 가능하고, 종이가 손상되기 쉬워요.
신용 화폐	은행이 생기면서 은행에서 발행한 수표나 신용장을 화폐로 사용하기 시작했습니다. 이는 직접 돈을 가지고 다니지 않아도 거래를 할 수 있게 했습니다. **장점**: 안전하고, 큰 금액도 쉽게 거래할 수 있어요. **단점**: 신용이 없으면 사용할 수 없어요.
전자 화폐	컴퓨터와 인터넷이 발달하면서 카드, 온라인 뱅킹, 모바일 결제 같은 전자 화폐가 생겨났습니다. 이제 우리는 스마트폰으로도 쉽게 결제할 수 있습니다. **장점**: 매우 편리하고 빠르게 거래할 수 있어요. **단점**: 인터넷이 없으면 사용할 수 없고, 해킹의 위험이 있어요.
디지털 화폐	최근에는 비트코인 같은 디지털 화폐가 등장했습니다. 디지털 화폐는 인터넷을 통해 거래되고, 중앙은행 없이도 사용할 수 있습니다. **장점**: 중앙은행 없이도 거래가 가능하고, 국제 거래가 쉬워요. **단점**: 변동성이 크고, 법적 규제가 미비해요.

돈의
시간 여행

돈은 단순히 물건을 사는 데 사용하는 것을 넘어서 우리 사회와 경제의 복잡한 구조를 단순화하고 가치를 측정하는 역할을 합니다. 이러한 돈이 시간이 흐르면서 다양한 형태로 진화해왔다는 사실은 이미 알려져 있지만, 어떠한 이유로 어떻게 변화했고, 그 변화가 무엇을 의미하는지 아는 사람은 많지 않습니다. 돈이 역사에 따라 어떻게 변화했는지 아이와 함께 보면 돈에 대한 이해를 높이는 것은 물론이고, 한국의 역사까지 공부할 수 있습니다.

앞   뒤

건원중보

우리나라 최초의 주화는 건원중보(乾元重寶)로, 고려 시대 초기에 만들어진 것으로 추정하고 있습니다. 이 화폐는 철로 만들어졌으며 둥근 모양에 중앙에 네모난 구멍이 나 있는 형태입니다. 건원중보는 당나라의 화폐를 모방하여 제작되었고, 고려 성종 시대부터 사용되었습니다. 주화가 생겼다고는 하나 당시 금속 화폐는 주로 상류층에서 사용되었고, 일반 백성들은 여전히 물품 화폐를 사용하였습니다.

앞   뒤

상평통보

조선 시대로 넘어와서는 한번쯤 들어봤을 상평통보(常平通寶)를 사용하였습니다. 상평통보는 조선 인조대인 1633년에 처음 시험 주조되었고, 1678년부터 본격적으로 유통되기 시작한 조선의 국가 공인 화폐입니다. 이것은 조선 시대 전근대적 화폐 중 유일하게 전국적으로 통용되었던 화폐로, 조선 말기까지 사용되었습니다.

대동삼전   대동이전   대동일전

대동은전(大東銀錢)은 1882년에 제조된 우리나라 최초의 은으로 만든 근대적 화폐입니다. 상평통보와는 달리 내부에 구멍이 없는 것이 큰 특징입니다. 대동은전은 모두 세 종류가 있는데, 대동삼전(大同三錢), 대통이전(大東二錢), 대동일전(大東一錢)이며 외국과의 원활한 통상을 위해 제조되었으나 발행되자마자 부유한 사람들의 손으로 들어가 시중에서 모습을 감추었습니다. 더불어 화폐의 주재료로 사용된 마제은의 가격이 오르면서 화폐 발행 9개월 만에 제조가 중단되었습니다.

우리에게 익숙한 동전의 첫 탄생은 1959년 한국은행에서 발행되었습니다. 당시에는 '원'이 아닌 '환'으로 불리는 동전이 발행되었고, 1962년에 비로소 우리가 알고 있는 '원'으로 화폐 표기가 변경되면서 수많은 단위의 지폐와 동전이 발행되

었습니다. 그 후 지금까지 몇 차례에 걸쳐 화폐 디자인이 변화하였고, '1원', '5원' 동전은 2004년에 발행을 중단하면서 역사 속으로 완전하게 사라졌습니다.

⊕ TIP

한국은행 화폐박물관을 방문하면 우리나라 화폐의 변천 과정을 생생하게 볼 수 있습니다. 이 박물관은 물물 교환 시대부터 시작해 고조선과 삼국 시대의 고대 화폐, 조개껍데기와 농기구 같은 물품 화폐를 전시하고 있어 당시 사람들의 생활을 살펴볼 수 있습니다.

전단지 속 가격 맞추기

STEP 1

전단지 속 가격을 예상하며 물가를 알아보는 놀이로, 물건에 대해 숫자(가격)로 이야기하면서 자연스럽게 수학적 사고도 발달합니다.

발달영역

돈의 기능과 가치

경제 관념

인지 발달

수학적 사고

추천연령 6~7세, 초등 저학년

난 이 도 ★★★☆☆

소요시간 20분

준 비 물 전단지, 포스트잇, 펜

기대효과 마트에서 자주 보이는 물건의 가격을 알아 보며 물가를 알 수 있습니다.

방 법
① 마트에서 전단지를 구합니다.

② 전단지에 표시된 가격을 포스트잇으로 가립니다.

③ 아이와 함께 물건들의 가격을 예상하고, 포스트잇에 가격을 적습니다.

④ 포스트잇을 떼어 실제 가격과 비교해봅니다.

⊕ TIP

예시로 "OO가 사고 싶은 장난감은 10만 원이구나. 선풍기 가격과 똑같네"라고 알려줄 수 있습니다. 아직 숫자의 크기를 제대로 이해하지 못하는 어린아이라면, 숫자의 자릿수가 많은 것이 더 비싸다고 알려주면 좋습니다.

⊕ PLUS

일상에서 자주 접하는 물건을 이용하여 '비싸다', '싸다'라는 개념을 스스로 만들어갈 수 있도록 하면 좋습니다. 수박은 2만 원, 우유는 1천 원, TV는 100만 원과 같이 알려주세요. 이렇게 하면 아이들은 다양한 물건의 가격을 비교하고, 돈의 가치에 대한 개념을 형성할 수 있습니다. 비싼 물건과 저렴한 물건의 가격 차이를 이해하면서, 자신의 소비 습관과 가치 판단력을 키울 수 있습니다.

돈으로 할 수 없는 것 알아보기

아이와 함께 돈으로 할 수 없는 것을 생각해보는 놀이로, 돈보다 더 가치 있고 감정적으로 중요한 것을 떠올려 보며 정서 발달과 창의력 발달을 도와줍니다.

(발달영역)

경제 관념

정서 발달

창의력 발달

(추천연령) 5~7세, 초등 저학년

(난 이 도) ★★★★☆

(소요시간) 20분

(준 비 물) 종이, 펜

(기대효과) 돈의 역할과 한계를 이해하고, 건강한 경제 습관과 가치관을 형성하도록 해줍니다.

(방 법) ❶ 종이에 돈으로 할 수 없는 것을 자유롭게 그립니다.

❷ 그림 옆에 간단한 설명도 적습니다.

❸ 아이와 그림을 보며 함께 이야기를 나눕니다.

그림으로 표현하기 어렵다면 글로만 정리해도 좋습니다. 생각을 정리하는 것에 초점을 맞춰 주세요. 아이가 혼자 하기 어렵다면 부모와 함께 생각을 나눠보세요.

● PLUS

경제 교육 관점에서 돈으로 할 수 없는 것들을 가르치는 것은 돈을 단순한 거래 수단으로만 보지 않도록 합니다. 돈이 우리 삶에서 어떻게 의미 있는 역할을 할 수 있는지를 폭넓게 이해하게 만듭니다. 경제 교육은 돈을 관리하는 방법뿐 아니라 돈이 우리 삶에서 어떤 역할을 하는지를 이해하는 것도 포함되어야 합니다.

경제적 가치 이해	돈으로 살 수 있는 것과 없는 것을 이해하는 건 경제적 가치 판단의 기초가 됩니다. 이를 통해 아이들은 돈의 가치를 더 깊이 이해하고, 물질적 가치와 비물질적 가치를 구분하는 법을 배웁니다.
감정과 경제의 연결	아이들이 감정적으로 중요한 것들(예: 사랑, 행복 등)을 돈과 연결 지어 생각하지 않도록 교육함으로써, 감정적으로 건강하고 경제적으로도 균형 잡힌 사람으로 성장할 수 있도록 돕습니다.

'돈' 하면 떠오르는 것 알아보기

내가 느끼는 '돈'을 그림으로 표현하는 놀이로, 돈의 1차원적인 개념(거래 수단)을 넘어 비물질적인 가치로서의 돈에 대해서도 함께 생각해볼 수 있습니다.

발달영역

경제 관념

정서 발달

추천연령 5~7세, 초등 저학년

난 이 도 ★★★★☆

소요시간 20분

준 비 물 종이, 펜

기대효과 아이의 돈에 대한 인식과 개념을 엿보고, 잘못된 관념을 바로잡을 수 있습니다.

방 법
❶ 종이에 돈 하면 떠오르는 것을 자유롭게 그립니다.
❷ 그림 옆에 간단한 설명도 적어줍니다.
❸ 아이와 그림을 보며 함께 이야기 나눕니다.

그림으로 표현하기 어렵다면 글로만 정리해도 좋습니다. 생각을 정리하는 것에 초점을 맞춰 주세요. 아이가 혼자서 하기 어렵다면 부모와 함께 생각을 나눠보세요.

➕ PLUS

대부분의 경우 돈에 대해 생각할 때 첫 번째로 떠오르는 것은 물질적 가치나 구매력일 가능성이 큽니다. 이는 돈이 일상생활에서 주로 거래 수단으로 사용되기 때문입니다. 그러나 경제 교육에서 비물질적 가치를 가르치는 것도 중요합니다. 아이에게 돈이 우리 삶에 어떤 영향을 주는지 알려주세요.

가치관의 다양화	비물질적 가치를 포함시키면 아이들은 물질적 성공뿐만 아니라 인간적·사회적 성공에도 가치를 두게 됩니다. 이는 그들이 돈을 관리하고 사용하는 방식에 긍정적인 영향을 미칠 수 있습니다.
포괄적인 세계관 형성	돈이 사람의 삶에서 차지하는 역할을 다각도로 바라볼 수 있게 해주며, 이는 아이들이 더 넓은 관점에서 세상을 바라볼 수 있게 돕습니다.

돈은
어떻게
벌까요?

'STEP 2'는 아이들이 돈을 버는 방법을 배우고 고민하는 단계입니다. 경제 교육에서 아이들이 돈을 버는 방법을 배우는 것은 경제적으로 자립적인 성인으로 성장하기 위한 필수 과정입니다. 자신의 노력으로 수입을 얻는 방법을 이해함으로써, 아이들은 재정적 책임감이 생기고, 성인이 되었을 때 독립적인 경제 생활을 할 수 있는 기반을 마련하게 됩니다.

◆ 노동의 가치와 소득 활동

가장 먼저 노동의 가치를 이해하면서 아이들은 자신의 노력과 그 결과로서의 보상 사이의 직접적인 연결을 경험합니다. 실제로 가정 내에서 심부름 칭찬 스티커나 홈 아르바이트를 하는 것은 아이들이 돈을 벌기 위해 시간과 에너지가 필요하다는 걸 이해하는 데 도움을 줍니다. 이는 노력이 결국 가치 있는 결과로 이어질 수 있다는 중요한 교훈을 주며, 노동의 기본 원칙을 이해하는 데 도움이 됩니다. 또한 간단한 소득 활동을 통해 돈을 버는 것은 아이들의 자존감도 향상시킵니다. 자신의 노력이 구체적인 결과를 낳는 것을 보며 자신의 능력과 가치를 인식하게 됩니다.

◆ 직업 탐색

경제 교육에서 직업 탐색은 아이들이 경제의 작동 원리를 이해하고, 자신의 경제적 역할을 탐색할 수 있는 중요한 활동입니다. 이 과정에서 아이들은 직업이 사회와 경제에 어떤 기여를 하는지 배우고, 자신이 흥미를 가지는 분야에서 경제적 보상을 받을 수 있는 방법을 생각합니다. 특히 아이들에게 가정에서 돈을 버는 방법을 가르치는 것은 경제 활동을 이해하는 데 큰 도움이 됩니다. 가족 구성원이 어떤 일을 하며, 그 일이 어떻게 가족의 재정에 기여하는지 설명함으로써, 아이들은 직업의 다양성과 각 직업의 사회적·경제적 가치를 배울 수 있습니다.

　많은 사람이 직업의 최종 목표가 부를 축적하는 것이라 생각할 수 있습니다. 하지만 진정한 전문가가 되는 것은 개인의 성취와 사회적 기여를 통해 더 큰 만족을 얻는 것을 목표로 해야 합니다. 'STEP 2'에서의 놀이는 아이들에게 돈을 버는 것이 자신의 역량을 최대한 발휘하고, 사회에 긍정적인 영향을 미치는 데 중요하다는 것을 가르치는 좋은 기회가 됩니다.

✦ 기업가 정신

일반적으로 부자가 되기 위해서는 돈을 많이 벌어야 한다고 생각합니다. 하지만 실제로 성공한 부자들은 단순히 돈만 벌기 위해 일하지 않습니다. 그들은 자신의 열정을 따르고, 가치를 창출하며, 무엇보다 자신이 좋아하는 일에서 의미를 찾습니다. 아이들에게도 돈을 버는 것이 경제적인 보상을 넘어 자신의 잠재력을 실현하는 과정임을 가르쳐야 합니다.

현대 사회에서는 1인 기업가로서의 기회가 더욱 확대되고 있으며, 아이들이 자신만의 사업을 구상하고 실행할 수 있도록 격려하는 것이 중요합니다. 이는 아이들이 직업을 단순히 돈을 벌기 위한 수단으로 보는 것이 아니라, 창의적이고 혁신적인 방법으로 부를 창출할 수 있는 기업가로 성장하도록 돕습니다.

이러한 교육적 접근은 아이들에게 돈을 버는 것이 단지 경제적인 활동이 아니라, 자신의 능력을 발휘하고 사회적 가치를 창출하는 과정임을 이해시키는 데 중요합니다. 이를 통해 아이들은 돈을 지혜롭게 관리하고, 자신의 재능과 열정을 삶의 방향으로 삼을 수 있는 기반을 마련할 수 있습니다.

심부름 칭찬 스티커 받기

집안일을 돕고 칭찬 스티커를 모으는 놀이로, 심부름 외에도 가정에 도움이 되는 일을 찾아서 하는 과정에서 가족 간 정서적 유대감이 발달합니다.

(발달영역)

노동의 가치

사회성 발달

정서 발달

성취감

(추천연령) 4~6세

(난 이 도) ★☆☆☆☆

(소요시간) 1일

(준 비 물) 칭찬 스티커 도안, 동그라미 스티커

(기대효과) 가정 내 작은 심부름을 하면서 노동의 가치와 함께 어울려 지내는 사회성을 배웁니다.

(방   법)
❶ 칭찬 스티커 도안을 인쇄해서 준비합니다.

❷ 아이와 함께 스티커를 받는 경우와 스티커를 가득 채웠을 때의 보상을 정합니다.

❸ ❷에서 합의한 경우(심부름, 가정에 도움이 되는 일 등)에 스티커를 줍니다.

❹ 스티커를 모두 채우면 아이에게 보상합니다.

자본주의 사회에서 돈을 번다는 것은 다른 사람의 문제를 해결하고 도움을 준 것입니다. 어릴 때부터 작은 심부름을 시작으로 가정 내에서 사소한 도움을 주는 습관이 필요합니다. 노동의 가치와 함께 타인에게 도움을 주는 것이 보상으로 이어지는 경험은 향후 소득 활동의 기본이 됩니다. 이 경험을 기반으로 아이는 사회에서 타인에게도 도움을 줄 수 있는 사람으로 자랄 수 있습니다.

STEP 2 홈 아르바이트 하기

가정에서 일을 하고 용돈도 버는 놀이로, 일을 하고 보상을 받는 과정에서 노동의 가치를 배울 수 있습니다.

(발달영역)

노동의 가치

정서 발달

성취감

(추천연령) 4~6세

(난 이 도) ★☆☆☆☆

(소요시간) 1일

(준 비 물) 아르바이트 목록, 금액 측정표

(기대효과) 아이들에게 약속한 일들을 해내는 과정은 성취감을 키워줍니다.

(방   법) ❶ 아이와 함께 아르바이트 목록을 작성합니다. (자녀의 연령 수준을 고려해서 작성합니다.)

❷ 각 항목별로 난이도와 함께 용돈 금액을 설정합니다.

❸ 아르바이트 표를 인쇄하여 잘 보이는 곳에 붙여둡니다.

❹ 아이가 홈 아르바이트를 할 때마다 정산합니다.

➕ PLUS

'당연히 해야 하는 일'과 '아르바이트'를 구분하세요.

(예시)

당연히 해야 하는 일	아르바이트
책상 정리, 숙제하기, 기상 후 이부자리 정돈, 책가방 챙기기, 자기 옷 걸어두기 등	분리수거 하기, 동생 책 읽어주기, 부모님 안마하기, 빨래 개기, 거실 청소하기 등

(금액 측정 예시)

아르바이트 목록	난이도	금액
분리수거 하기	2단계	500원
동생 책 3권 읽어주기	4단계	1,000원
부모님 안마하기	2단계	500원
현관 신발 정리하기	1단계	200원
빨래 개기	1단계	300원

중고마켓에서 물건 팔기

안 쓰는 물건을 중고마켓에 직접 팔아보는 놀이로, 첫 소득 활동이자 이 과정에서 평소 소비자로서의 합리적 소비 습관도 길러질 수 있습니다.

(발달영역)

소득 활동

기업가 정신

사회성 발달

(추천연령) 6~7세, 초등 저학년

(난 이 도) ★★☆☆☆

(소요시간) 15분

(준 비 물) 안 쓰는 물건(작아진 신발, 놀지 않는 장난감 등), 휴대전화

(기대효과) 물건을 판매하기 위해 어떤 정보들이 필요한지와 소비자에게 매력적으로 보일 수 있는 방법에 대해 주체적으로 고민하게 됩니다.

(방 법)

❶ 집에서 사용하지 않는 물건을 찾아봅니다. (작아진 신발과 옷, 놀지 않는 장난감 등)

❷ 예쁘게 사진을 찍고, 판매를 위해 필요한 정보들을 정리하고 가격을 정합니다.

❸ 중고거래 앱을 선택해서 판매 정보를 올립니다.

❹ 거래가 진행되면 아이와 함께 택배나 직거래 거래를 합니다. (아이와 반드시 동행하세요.)

➕ TIP

중고거래 앱으로는 당근마켓, 번개장터, 중고나라 등이 있습니다. 중고 판매 수익금은 아이가 스스로 관리할 수 있도록 해주세요.

STEP 2 · 중고서점에서 책 팔기

더 이상 보지 않는 책을 중고 거래하는 놀이로, 물건 재활용의 가치를 알게 되고 환경과 경제의 연관성에 대해서도 배울 수 있습니다.

발달영역	**추천연령** 4~7세, 초등 저학년
소득 활동	**난 이 도** ★★☆☆☆
기업가 정신	**소요시간** 20분
사회성 발달	**준 비 물** 보지 않는 책
	기대효과 오래된 책의 가치와 처분 방법에 대해 주체적으로 생각할 수 있습니다. 새 책과의 가격 차이를 보면서 감가상각도 배울 수 있습니다.

방 법

❶ 아이와 함께 집에서 보지 않는 책을 모읍니다.

❷ 중고서점 매장에 방문하여 판매합니다.

➕ TIP

중고서점을 방문하기 어렵다면 온라인으로 판매할 수도 있습니다. 앱 또는 홈페이지 접속 → 판매할 책 등록 → 수거접수 → 수거 및 배송완료 → 판매 수익금 받기(계좌 입금). 판매 수 익금은 아이가 스스로 관리할 수 있도록 해주세요.

미용실에서 용돈 벌기

소득 활동과 노동의 가치를 배우기 위한 미용실 놀이로, 노동의 대가로 얻은 돈의 소중함을 알고 용돈을 계획적이고 가치 있게 사용할 수 있습니다.

(발달영역)

소득 활동

노동의 가치

소근육 발달

인지 발달

(추천연령) 4~6세

(난 이 도) ★☆☆☆☆

(소요시간) 20분

(준 비 물) 색상지(2절지), 가위, 자, 풀, 펜

(기대효과) 소득 활동과 노동의 가치에 대한 이해가 없는 유아기 아이들에게 노동의 결과인 소득에 대해 알려줄 수 있습니다.

(방 법) ① 색상지를 가로 65cm, 머리 밴드 10cm, 머리카락 3.5cm 크기로 자릅니다.

② 종이 머리카락을 가닥가닥 자르고, 가닥마다 10원, 50원, 100원, 500원, 1,000원 금액을 씁니다.

③ 머리밴드 부분을 부모의 머리에 맞춰 풀로 붙입니다.

④ 부모가 완성된 머리밴드를 착용하고, 아이는 가위로 종이 머리카락을 자릅니다.

⑤ 바닥에 떨어진 금액을 모으고, 얼마인지 계산하여 용돈으로 지급합니다.

아직 금액 계산에 익숙하지 않은 아이들은 같은 숫자가 쓰여 있는 화폐를 그림처럼 찾아

봅니다.

장난감 속 직업 찾기

장난감 속에서 다양한 직업을 직업 찾아보는 놀이로, 아직 직업에 대한 인식 폭이 넓지 않은 아이들에게 다양한 직업에 대해 알려줄 수 있습니다.

발달영역

직업 탐색

사고력 발달

인지 발달

추천연령 5~7세, 초등 저학년

난 이 도 ★★★☆☆

소요시간 20분

준 비 물 장난감, 종이, 펜

기대효과 제품을 생산하는 공장부터 유통, 주식회사의 개념까지 다양한 경제 구성요소들을 아이들에게 자연스럽게 노출할 수 있습니다.

방 법

❶ 장난감을 하나 준비합니다.

❷ 종이 한가운데 장난감을 그립니다. (그리기 어렵다면 이름을 글로 써도 좋습니다)

❸ 장난감이 나에게 오기까지 필요한 과정들과 직업을 하나씩 마인드맵으로 확장해갑니다.

❹ 생산(제품 개발, 제조, 포장 등), 브랜드(홍보 마케팅 등), 유통(판매, 택배 등) 등이 있습니다.

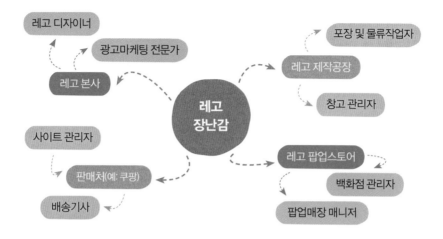

⊕ PLUS

'제품', '생산', '유통' 등의 단어가 어렵다고 생각하지 마세요. 흔히 경제 교육에서 '주식회사', '보험' 등 용어가 어렵다고 아이에게 말하기 주저하는 경우가 많습니다. 단어 자체의 수준이 높기보다 일상에서 접하지 않아서 낯설 뿐입니다. 자주 접하면 해당 단어에 대한 기억이 쌓이면서 자연스럽게 경제 용어의 이해력이 높아집니다. 이렇게 다양한 분야에서 다양한 단어들과 상호작용을 하는 것은 아이들의 어휘력을 키워 궁극적으로 문해력 발달에도 도움이 됩니다.

나만의 직업 책 만들기

다양한 직업을 가진 내 모습을 만들어보는 놀이로, 현실 세계의 다양한 직업을 배울 수 있습니다.

(발달영역)

직업 탐색

인지 발달

상상력 발달

(추천연령) 4~7세

(난 이 도) ★★☆☆☆

(소요시간) 20분

(준 비 물) 직업 도안, 펀치, 카드링, 아이 사진, 가위, 벨크로

(기대효과) 나의 사진을 통해 시각적으로 다양한 직업 체험을 재미있고 실감 나게 할 수 있습니다.

(방 법)

① 준비한 직업 도안과 맞는 크기로 아이의 얼굴 사진을 잘라줍니다.

② 도안과 잘라둔 아이 얼굴 사진에 각각 벨크로를 붙입니다.

③ 펀치와 카드링을 이용하여 도안을 책 형태로 만듭니다.

④ 벨크로로 아이 얼굴 사진을 붙이면서 직업 체험을 합니다.

➕ TIP

아이가 평소 관심, 흥미를 보인 직업을 포함시키세요. 직업 그림을 코팅하면 오래 보관할 수
있습니다.

부모 직장 체험하기

우리 집은 돈을 어떻게 버는지 아이가 직접 보고 체험하는 놀이로, 부모의 일상적인 노동이 가지는 가치를 간접적으로 이해하면서 아이의 정서 발달에 긍정적인 영향을 줍니다.

발달영역	
직업 탐색	
정서 발달	
사회성 발달	

(추천연령) 4~7세, 초등 저학년

(난 이 도) ★★☆☆☆

(소요시간) 30분

(준 비 물) 부모의 직장

(기대효과) 아이와 직업 선택의 기준에 대해서 생각해 볼 수 있습니다.

(방 법) ❶ 부모의 직장을 직접 방문하여 실제 업무 환경을 경험할 수 있게 합니다.

❷ 부모가 직접 자신의 업무를 설명하여 아이들이 직업의 세부적인 측면을 이해할 수 있도록 합니다.

❸ 부모가 자신의 직업을 선택한 이유를 아이와 공유하고, 아이의 미래 직업에 대해 이야기해봅니다.

➕ TIP

아이와 함께 직장에 방문하기 어렵다면, 부모의 직업을 자세히 설명해주는 것도 좋습
니다.

➕ PLUS

부모의 직장 체험은 단순히 특정 직업을 배우는 것을 넘어서는 경험입니다. 이 활동을 통해
아이들은 다양한 직업 세계를 이해할 뿐 아니라, 우리 가정과 생활에 필요한 재정이 어떻
게 조성되는지도 배우게 됩니다. 이 과정은 부모와 아이 사이의 정서적 유대를 강화하며,
아이들에게 올바른 소비 습관과 경제 개념을 심어주는 중요한 기초를 마련합니다.

STEP 2 직업 인터뷰하기

내 주변 가족의 다양한 직업과 소득의 종류를 알아보는 인터뷰 놀이로, 세상에 존재하는 직업에 대해 폭넓게 배우면서 자신의 꿈을 꾸는 계기를 만들 수 있습니다.

발달영역

직업 탐색

정서 발달

사회성 발달

추천연령 4~7세, 초등 저학년

난 이 도 ★★☆☆☆

소요시간 20분

준 비 물 종이, 펜, 인터뷰할 가족(또는 지인)

기대효과 가족들의 소득이 어떻게 생기는지 알아보며, 다양한 종류의 소득 형태에 대해 학습합니다.

방 법

❶ 가족들의 직업을 인터뷰합니다.

❷ 정리하며 다양한 형태의 소득을 정리해봅니다.

가족들 인터뷰 예시

할아버지: 부동산 임대 소득으로 생활	할머니: 연금 소득으로 생활
질문: 할아버지, 사람들이 빌려 쓰는 집이나 건물에서 돈을 버는데, 가장 중요한 건 뭐예요? **답변**: 사람들이 빌려 쓰는 집이 잘 유지되고, 문제가 생기면 바로 고쳐주는 거야. 그래야 사람들이 편하게 지낼 수 있거든.	**질문**: 할머니, 나라에서 주는 연금으로 돈을 받는 게 어떤 점이 좋아요? **답변**: 매달 돈이 정해진 날짜에 꼭 들어와서, 돈 쓰는 걸 미리 계획할 수 있는 게 좋아. 그래서 갑자기 돈이 많이 필요한 일이 생겨도 걱정이 적어.
삼촌: 소프트웨어 개발자	**이모: 자영업자(온라인 쇼핑몰)**
질문: 삼촌, 컴퓨터 프로그램을 만드는 일을 하는데, 가장 자랑스러운 건 뭐예요? **답변**: 최근에 사람들이 많이 쓰는 재미있는 앱을 만들었어. 사람들이 쓰기 편하고, 재밌어서 사람들이 좋아했어.	**질문**: 이모, 인터넷으로 물건을 파는 일을 하면서 가장 돈을 많이 번 적이 언제예요? **답변**: 큰 할인 행사와 새로운 물건을 동시에 팔았을 때가 가장 돈을 많이 벌었어. 사람들이 많이 관심을 가지게 하려고 여러 가지 재미있는 광고를 했거든.

➕ PLUS

소득의 다양한 종류를 아는 것이 중요합니다. 일을 하는 것은 회사나 직장에서 일을 하고 얻는 근로소득, 가게나 회사를 차려서 사업을 하고 얻는 사업소득이 있습니다. 그 밖에 저축한 돈 또는 재산(건물, 땅 등)을 빌려주고 받는 재산소득도 있습니다. 나라에서 아프거나 나이가 들어 필요한 경우, 생활에 도움을 주기 위하여 도움을 주는 소득도 있습니다. 이처럼 다양한 소득의 원천을 알려주는 것은 아이의 꿈과 직업 선택의 폭을 키워줍니다.

나의 미래 직업 알아보기

알맞은 직업을 선택하기 위해 내가 어떤 사람인지 알아보는 놀이로, 자신의 직업에 대해 어릴 때부터 구체적으로 고민해볼 수 있습니다.

(발달영역)

직업 탐색

자기경영

창의력 발달

(추천연령) 6~7세, 초등 저학년

(난 이 도) ★★★☆☆

(소요시간) 30분

(준 비 물) 종이, 펜

(기대효과) 소득, 적성, 흥미 등 직업을 고르는 다양한 요소들을 함께 알아봅니다.

(방　　법)　❶ 종이를 네 칸으로 나눠 줍니다.

❷ 각 칸에 제목을 씁니다.

❸ 네 개의 칸을 제목에 맞춰 그림을 그리거나 글을 써서 채웁니다.

나의 성격 성격 유형, 특징 (예: 외향적, 분석적, 창의적 등)	나의 흥미 관심 있는 분야, 흥미로운 활동 (예: 예술, 기술, 스포츠 등)
이런 일을 잘해요! 잘하는 일, 강점 (예: 문제 해결 능력, 소통 능력 등)	**이런 직업에 관심이 있어요!** 관심 있는 직업 (예: 소프트웨어 엔지니어, 디자이너 등)

➕ PLUS

정리한 내용을 가족들 앞에서 발표할 수 있게 해주세요. 자신의 생각을 정리해서 말한다는 것은 의사소통 능력의 기본이 됩니다. 발표를 준비하는 과정에서 자신에 대한 메타인지가 높아지며 자신만의 정체성 형성에 도움을 줍니다. 나아가 자신의 꿈과 직업을 찾아내는 아이로 키울 수 있습니다.

나만의 명함 만들기

나의 미래 모습을 상상하며 나만의 명함을 만드는 놀이로, 명함 내용을 고민하고 채워가며 꿈과 장래희망을 고민해볼 수 있습니다.

(발달영역)

직업 탐색

인지 발달

창의력 발달

(추천연령) 4~7세, 초등 저학년

(난 이 도) ★★☆☆☆

(소요시간) 20분

(준 비 물) 샘플 명함, 흰색 도화지, 펜, 가위, 꾸미기 재료(스티커, 사진 등)

(기대효과) 명함에 어떤 요소들이 있는지 비교하며 파악하는 과정에서 인지 능력이 발달합니다.

(방　　법)

① 명함의 크기와 비슷하게 도화지를 자릅니다.

② 샘플 명함을 참고하여 아이의 이름, 전화번호 등을 씁니다.

③ 준비한 꾸미기 재료로 명함을 아이의 취향대로 꾸며주세요.

⊕ TIP

아직 글쓰기가 서툰 어린아이라면 부모가 명함의 주요 내용을 대신 적어주세요.

⊕ PLUS

아이와 함께 명함을 주고받으며 비즈니스 미팅 놀이를 해보세요. 자신이 어떤 일을 하는지
설명하는 과정에서 아이의 의사소통 능력도 발달합니다.

STEP 2

사라진 과거 직업 찾기

과거에는 있었으나 지금은 없어진 직업을 찾아보는 놀이로, 사회와 기술의 발전에 따른 직업의 변화를 이해할 수 있습니다. 직업의 다양성에 대한 이해를 높여주며, 직업에 대한 가치관을 형성하고 자신의 흥미와 적성에 맞는 직업을 탐색하는 데도 도움을 받을 수 있습니다.

(발달영역)	(추천연령) 6~7세, 초등 저학년
직업 탐색	(난 이 도) ★★★★☆
	(소요시간) 20분
사고력 발달	(준 비 물) 종이, 펜
창의력 발달	(기대효과) 직업을 통해 경제와 우리 사회의 변화를 인식하는 데 도움을 줍니다.

(방   법)
① 아이와 함께 과거에 존재했지만 지금은 사라진 직업을 종이에 적습니다.
② 그 직업들이 왜 없어졌는지 함께 이야기합니다.

없어진 과거 직업들

가마꾼	조선시대의 가마는 지금의 자동차와 유사한 역할을 했습니다. 그 당시에는 높은 신분을 가진 사람들만 이용할 수 있었습니다. 지금은 더욱 편리한 이동 수단이 많이 생겨서 사라졌습니다.
인력거꾼	가마꾼과 비슷하지만, 가마꾼이 2명 혹은 4명이 하나의 가마를 함께 드는 것이었다면, 인력거는 한 사람이 수레처럼 생긴 교통 수단을 끄는 것입니다. 지금은 더욱 편리한 이동 수단이 많이 생겨서 사라졌습니다.
전화 교환원	전화를 수동으로 연결해 주던 사람입니다. 지금은 자동으로 전화가 연결되어 사라졌습니다.
타자기 수리공	타자기를 고쳐주던 사람입니다. 컴퓨터가 발명되면서 사라졌습니다.
엘리베이터 안내원	엘리베이터에서 사람들에게 층을 안내하던 사람입니다. 자동으로 작동하는 엘리베이터가 생기면서 없어졌습니다.
버스 안내원	승객들에게 목적지를 안내하고 요금을 받던 사람입니다. 자동 요금 시스템과 안내 방송이 생기면서 사라졌습니다.
영화 간판 화가	극장의 간판에 영화의 장면이나 대사를 직접 그려서 홍보하던 사람입니다. 디지털 광고물과 인쇄 간판이 발달하면서 사라졌습니다.

STEP 2 새로운 미래 직업 찾기

미래에 생길 것 같은 직업을 상상해보는 놀이로, 사회와 기술의 발전에 따른 직업의 변화를 이해할 수 있습니다. 직업의 다양성에 대한 이해를 높여주며, 직업에 대한 가치관을 형성하고 자신의 흥미와 적성에 맞는 직업을 탐색하는 데 도움을 받을 수 있습니다.

(발달영역)

직업 탐색

사고력 발달

창의력 발달

(추천연령) 6~7세, 초등 저학년

(난 이 도) ★★★★☆

(소요시간) 20분

(준 비 물) 종이, 펜

(기대효과) 직업을 통해 경제와 우리 사회의 변화를 인식하는 데 도움을 줍니다.

(방   법) ❶ 아이와 함께 미래에 생겨날 것 같은 직업을 종이에 적습니다.

❷ 새로운 직업과 함께 변화할 사회도 함께 상상해봅니다.

예상하는 미래 직업들

드론 교통 조정사	하늘을 나는 드론들의 교통을 관리하고 안전하게 운행되도록 돕는 사람으로, 드론이 지금보다 더욱 일상이 되면서 복잡해질 하늘 위를 정리하는 직업이 생길 수 있습니다.
로봇 심리학자	로봇이 사람들과 잘 소통할 수 있도록 돕고 로봇의 감정을 이해하는 사람으로, 다양한 로봇이 일상생활에 들어오면서 그것을 관리하는 직업이 생길 수 있습니다.
우주 관광 가이드	사람들이 우주 여행을 할 때 우주 공간을 안내해주고 안전하게 여행할 수 있도록 돕는 사람으로, 민간 우주 비행이 가능해졌고 앞으로 더 많은 사람들이 우주 비행 가능성이 있어 우주를 소개하는 직업이 생길 수 있습니다.
우주 쓰레기 청소부	우주에 떠다니는 쓰레기를 청소하고 안전한 우주 환경을 만드는 사람으로, 민간 우주 비행이 가능해지면서 더러워진 우주를 청소하는 직업이 생길 수 있습니다.
해저 도시 설계자	바닷 속에 도시를 설계하고 만드는 사람으로, 사람들이 바다 아래에서도 살 수 있도록 도와주는 직업이 생길 수 있습니다.
스마트 의류 디자이너	전자기기와 연결되는 옷을 디자인하고 만드는 사람으로, 한 예로 체온 조절 기능이 자동으로 되는 옷을 만드는 직업이 생길 수 있습니다.

STEP 2 — 회사 로고 만들기

나의 미래 모습을 상상하며 나만의 회사 로고를 만드는 놀이로, 자신이 좋아하는 회사, 자신이 일하고 싶은 회사의 모습을 구체화해볼 수 있습니다.

발달영역		
직업 탐색		
인지 발달		
창의력 발달		

추천연령 4~7세, 초등 저학년

난 이 도 ★★☆☆☆

소요시간 15분

준 비 물 회사 로고 샘플, 종이, 색연필, 펜

기대효과 다양한 회사를 이해하고, 각 회사들이 어떠한 일을 하는지를 통해 직업의 다양성을 배울 수 있습니다.

방 법
❶ 자신이 좋아하는 회사 또는 일하고 싶은 회사를 상상합니다.

❷ 비슷한 업종이 있다면, 샘플로 참고할 몇 개 회사의 로고를 준비합니다.

❸ 나만의 회사 이름을 짓고, 로고도 함께 그려줍니다.

 PLUS

ChatGPT

7세 아이와 함께 아이스크림을
파는 회사 로고를 고민중이야.
이름은 joonice 인데, 로고 제작
해줘.

Here is the cheerful and engaging
logo for "joonice," designed to be
particularly appealing to children
and families.

ChatGPT에서 아이와 함께 원하는 회사의 로고를 이
미지로 만들 수 있습니다. 생성형 AI가 더욱 익숙해질
아이들의 미래를 위해 함께 사용해보는 경험은 도움이
될 것입니다.

블로그 만들기

온라인 세상 속 많은 사람에게 나만의 이야기를 들려주는 놀이로, 스스로의 이야기를 정리하면서 자신을 브랜딩 하는 연습을 할 수 있습니다.

발달영역

기업가 정신

기술 활용

문해력 발달

추천연령 6~7세, 초등 저학년

난 이 도 ★★★★☆

소요시간 30분

준 비 물 컴퓨터

기대효과 아이들도 콘텐츠 소비자가 아니라 생산자가 될 수 있습니다. 자신의 이야기를 꾸준히 기록하는 과정에서 문해력이 발달합니다.

방 법

❶ 아이와 함께 블로그 사이트 회원가입을 합니다.

❷ 아이만의 블로그를 개설하고 이름을 짓습니다.

❸ 어떤 내용의 글을 올릴지 아이와 함께 고민합니다.

❹ 부모와 함께 내용을 정리하고 글을 작성합니다.

개인정보(주소, 전화번호 등)를 노출하지 않도록 유의하세요. 온라인에 콘텐츠를 업로드하는 경우 반드시 부모와 함께하세요.

블로그 외의 다른 SNS를 함께 운영할 수도 있습니다. 인스타그램, 유튜브 등 SNS를 부모가 가입한 후 아이의 비즈니스 계정으로 관리해주세요. 아이와 함께 영상을 찍거나 사진 등을 업로드하며 운영하면 좋습니다. SNS에 업로드하는 콘텐츠는 아이와 함께 상의하여 결정하세요. 단, 한국의 SNS는 이용 나이 제한이 14세 이상입니다. 이는 한국의 정보통신망 이용촉진 및 정보보호 등에 관한 법률과 개인정보 보호법에 기반을 둔 것입니다. 해당 법률에 따르면, 14세 미만 아동의 개인정보를 수집하기 위해서는 부모의 동의가 반드시 필요합니다.

홈 창업하기

자신의 능력을 이용해 가정 내에서 직접 해보는 창업 놀이로, 아이가 스스로 자신의 재능에 대해 돌아볼 수 있으며, 이를 활용하는 과정에서 사회성이 발달합니다.

(발달영역)

기업가 정신

사회성 발달

수학석 사고

(추천연령) 6~7세, 초등 저학년

(난 이 도) ★★★★☆

(소요시간) 30분

(준 비 물) 스케치북, 펜

(기대효과) 재능 서비스의 경제적 가치를 고민하고 청구서를 발행하면 수학적 사고력도 함께 발달합니다.

(방　　법)

❶ 자신의 재능을 활용하는 가정 내 서비스를 고민합니다.

❷ 구체적인 서비스 내용을 정리하고, 가격을 측정합니다.

❸ 가족들 앞에서 해당 내용을 설명합니다.

❹ 일정 기간(하루, 1주일 등) 서비스 제공 후 내역을 정산하여 청구서를 발행합니다.

❺ 부모는 청구서에 따른 보상을 합니다.

서비스 내용	비용	청구 금액
동생에게 동화책 읽어주기	시간당 ( ) 원	( ) 원
부모에게 악기 레슨 하기	시간당 ( ) 원	( ) 원
	총 금액: ( ) 원	

⊕ PLUS

어린이 기업가가 되는 연습입니다. 홈 아르바이트와 다른 점은 자신의 재능을 활용한 일을 스스로 고민한다는 것입니다. 기업가는 자신을 위해 일합니다. 타인이 맡기는 일을 하고 주는 돈을 받는 것이 아니라 자신이 원하는 대로 서비스를 만드는 것입니다. 이는 1인 창업시대에 아이들의 생각하는 힘을 길러줄 수 있습니다.

돈을 벌면 하고 싶은 것 알아보기

내가 번 돈으로 어떤 것을 하고 싶은지 구체적으로 생각해보는 놀이로, 평소 부모의 보살핌 속에서 누리던 것들에 대해서도 다시 한번 생각해보며 정서 발달에도 도움을 줍니다.

(발달영역)

경제 관념

직업 탐색

창의력 발달

정서 발달

(추천연령) 6~7세, 초등 저학년

(난 이 도) ★★★☆☆

(소요시간) 20분

(준 비 물) 종이, 펜

(기대효과) 직업활동의 긍정석인 동기부여를 할 수 있습니다.

(방 법)
❶ 직접 돈을 번다면 무엇을 하고 싶은지 그림을 그리거나 글을 써서 정리합니다.
❷ 생각하기 어렵다면 카테고리를 나눠봅니다. (사고 싶은 것, 가고 싶은 곳, 가족을 위한 것 등)
❸ 부모님도 자신이 번 돈으로 하고 싶은 것을 함께 이야기 나눠봅니다.

➕ PLUS

봉사활동과 다르게 직업활동은 자본주의 사회에서 돈을 통해서 경제적인 보상을 받는다
는 특징이 있습니다. 흔히 "나는 돈을 못 벌어도 무언가를 하고 싶어" "돈은 중요하지 않
아"라고 하지만, 자본주의 사회에서 돈은 생각보다 중요한 역할을 합니다. 어릴 때부터 자
신이 하고 싶은 것을 하고, 갖고 싶은 것을 갖기 위한 돈에 대해 생각해보는 것은 경제 활동
의 가치를 배울 수 있는 기회가 됩니다.

돈은
어떻게
쓸까요?

경제 교육은 대체로 돈을 절약하는 방법에 집중되어 있지만, 그보다 아이들이 돈을 어떻게 '잘' 쓰는지 배우는 것이 더욱 중요합니다. 'STEP 3'에서는 돈을 올바르게 사용하는 방법을 배우면서, 아이들이 경제적으로 건강한 미래를 준비할 수 있도록 합니다. 나아가 아이들이 성장하면서 자신의 재정을 책임감 있게 관리하고, 그에 맞는 소비를 하도록 돕습니다.

✦ 소비 행동

실제로 소비를 하는 경험은 이론적 학습보다 훨씬 효과적입니다. 아이들이 마트에서 직접 장을 보거나 셀프 계산대에서 계산을 하는 활동은 아이들에게 예산 관리, 돈의 가치를 인식하고 수학적 기술을 적용하는 법을 가르칩니다. 이 과정에서 아이들은 다양한 선택지에서 스스로 결정을 내리며 의사결정 능력을 향상시킵니다. 더불어 사회적 상호작용과 기술 사용 능력이 발달하며, 아이들의 독립성과 자신감을 증진시키는 중요한 역할을 합니다.

✦ 합리적 소비 습관

아이들에게 필요와 욕구를 구분하는 방법을 가르치면, 아이들은 불필요한 지출을 피하고 자신의 재정을 효과적으로 관리하는 방법을 배웁니다. 이러한 습관은 아이들이 미래에 독립적으로 자신의 재정을 책임지는 능력을 기르는 데 아주 중요합니다. 예를 들어, 간단한 선택 활동을 통해 아이들이 '갖고 싶은' 장난감과 '필요한' 학용품을 구분하도록 할 수 있습니다. 또한 아이들이 과장된 광고를 직접 보면서 그 메시지가 제품이나 서비스의 진정한 가치와 얼마나 일치하는지를 평가하는 과정에서 광고에 속지 않고 스스로 판단하는 능력이 발달합니다. 이는 아이들이 올바른 소비 결정을 하는 데 기반이 됩니다.

합리적인 소비 습관을 통해 아이들은 즉각적인 만족을 추구하기보다는 장기적인 목표를 위해 인내하고 서축하는 법을 배우게 되며, 이는 자기 통제력을 강화하고 더 큰 보상을 위해 기다릴 수 있는 만족 지연 능력을 키우는 데 도움이 됩니다.

✦ 개인정보의 중요성

개인정보의 중요성과 관리를 배우는 것 역시 돈을 잘 쓰는 방법을 배우는 경제 교육과 밀접하게 연결되어 있습니다. 현대 경제에서 우리는 온라인에서 소비하고, 금융 거래도 온라인에서 하는 경우가 많기 때문에 개인정보 보호는 매우 중요합니다. 그래서 아이들에게 개인정보의 중요성을 교육하는 것은 경제적 안전과 합리적인 소비 습관 형성에 도움을 줍니다. 이러한 교육은 아이들이 경제적으로 보다 안전하고 책임감 있게 행동하도록 하며, 아이들이 현명한 소비자가 되도록 준비시키고, 전반적인 경제 교육과 생활 기술을 향상시키는 데 기여합니다.

돈을 잘 쓰는 법을 알려주기 위해서는 부모의 역할이 매우 중요합니다. 부모가 실생활에서 어떻게 돈을 관리하고 사용하는지를 보여주면, 아이들은 이를 관찰하고 모방함으로써 자연스럽게 경제적 지식과 스킬을 습득할 수 있습니다. 예를 들어, 가족 쇼핑을 할 때 가격 비교를 함께하고, 왜 특정 상품을 선택하는지 그 이유를 설명해줍니다. 이 과정에서 아이들은 좋은 제품을 선택하는 기준을 배우고, 경제적 가치에 대해 더 깊이 이해하게 됩니다. 또한 가계부를 함께 작성하며 아이들에게 수입과 지출을 기록하는 습관을 가르치고, 이를 통해 자신의 재정 상황을 정확히 파악하고 관리하는 법을 배울 수도 있습니다. 부모의 이러한 실천적 접근은 아이들이 책임감 있는 소비자로 성장하도록 도와 경제적으로 건강한 생활을 영위하게 할 것입니다.

셀프 계산대에서 계산하기

STEP 3

아이가 셀프 계산대에서 직접 상품의 바코드를 찍으며 계산하는 놀이로, 직접
결제를 하는 행위를 통해 소비 행동을 연습할 수 있습니다.

발달영역

소비 행동

인지 발달

사회성 발달

추천연령 4~6세

난 이 도 ★☆☆☆☆

소요시간 5분

준 비 물 셀프 계산대 매장

기대효과 물건마다 다른 가격은 바코드로 표현되는
것을 학습합니다.

방 법
❶ 셀프 계산대가 있는 매장을 방문합니다. (무인점포를 이용하면 편리합니다.)

❷ 원하는 물건을 함께 고릅니다.

❸ 아이가 직접 바코드를 찍으며 결제까지 완료합니다.

일반적으로 셀프 계산대는 현금 결제가 불가능한 경우가 많습니다. 버스 요금, 자판기 또는 오락기의 결제 등에서도 마찬가지입니다. 아이들에게 현금 결제가 점차 사라지는 이유에 대해서 함께 알려주면 좋습니다. 현금보다 카드는 결제하기 더 편리하며, 안전하고, 기록이 된다는 장점이 있습니다. 그럼에도 아이들이 현금으로 돈을 배우는 이유는 물리적으로 돈을 보고 만질 수 있기 때문입니다. 이것은 아이들에게 돈의 가치와 사용을 직접적으로 보여주며, 지출 시 돈이 줄어드는 것을 명확하게 인식할 수 있게 합니다. 그렇기 때문에 카드나 디지털 결제 수단도 많은 장점이 있지만, 기본적인 경제 교육을 실시할 때는 현금이 더 직관적이고 교육적인 방법이라고도 설명해주세요.

자석 2개로 마트 장보기

마트에 가서 사전에 정한 개수만큼만 물건을 사는 놀이로, 소비 컨트롤과 함께 약속의 중요성도 배울 수 있습니다.

(발달영역)

소비 행동

합리적 소비 습관

인지 발달

(추천연령) 4~5세

(난 이 도) ★☆☆☆☆

(소요시간) 15분

(준 비 물) 자석 2개

(기대효과) 절제된 소비 습관을 길러 줄 수 있습니다.

(방　　법)

❶ 아이와 마트에 갈 때 자석 2개를 챙겨 줍니다.

❷ 아이가 사고 싶은 것이 생기면 부모에게 자석을 1개씩 건넵니다.

❸ 마트에서 아이가 자석 2개를 모두 사용했다면, 더 이상 살 수 없음을 알려줍니다.

⊕ TIP

자석 대신 바둑알, 작은 공 등 다른 물건으로 대체해도 좋습니다.

갖고 싶은 것과 필요한 것 알아보기

꼭 필요한 물건인지, 단순히 갖고 싶은 물건인지 구분하는 놀이로, 구매 결정을 할 때 이성적 판단을 하도록 도와줍니다.

(발달영역)

합리적 소비 습관

인지 발달

사고력 발달

(추천연령) 4~7세

(난 이 도) ★★☆☆☆

(소요시간) 15분

(준 비 물) 전단지 또는 잡지, 가위, 풀, 색상지, 펜

(기대효과) 자신의 필요와 욕구를 명확히 구분하여 필요하지 않은 지출을 피할 수 있습니다.

(방　　법) ❶ 전단지 또는 잡지 속 물건 이미지를 다양하게 오리고, 색상지에 바구니 그림을 2개 붙여줍니다. (그림을 그려 대신할 수 있습니다.)

❷ 각각 바구니에 '필요(needs)'와 '욕구(wants)'라고 이름을 써줍니다.

❸ 아이에게 필요와 욕구를 설명해주세요.

- 필요: 매일 사용하거나 일상생활에 꼭 필요한 것. 예를 들면, 음식, 옷, 학교 가방, 신발 등.

- 욕구: 삶을 더 즐겁고 편안하게 만들지만, 없어도 일상생활에 큰 지장이 없는 것. 예를 들면, 장난감, 만화책, 아이스크림과 같은 것 등.

❹ ❶에서 오려둔 물건 그림을 바구니에 구분하여 붙여보세요.

➕ PLUS

다음의 질문 리스트를 참고해서 필요와 욕구를 구분해보세요.

- 이 물건이 정말 필요한가요?
- 이 물건이 없으면 일상생활을 하는 데 불편함이 있나요?
- 이 물건은 학교생활이나 집안일에 꼭 필요한가요?
- 이 물건은 매일 혹은 자주 사용하나요?
- 집에 이와 같은 기능을 하는 다른 물건이 있나요?
- 이 물건을 사고 싶은 이유는 무엇인가요?

마트 심부름하기

미리 적어둔 구매 목록에 맞게 마트에서 장을 보는 심부름 놀이로, 목록과 일치한 물건을 찾는 과정에서 인지 발달이 이루어지며, 물건의 개수와 가격 등 수학적 사고도 발달합니다.

(발달영역)

소비 행동

합리적 소비 습관

사회성 발달

수학적 사고

(추천연령) 4~7세

(난 이 도) ★★☆☆☆

(소요시간) 30분

(준 비 물) 구매 목록 리스트

(기대효과) 실제 장보기를 하며 소비 행동을 연습하고, 점원과의 의사소통 과정에서 사회성도 발달합니다.

(방   법) ❶ 함께 만든 구매 목록을 가지고 동네 마트에 갑니다.

❷ 목록에 있는 물건을 하나씩 카트에 담아 직접 장보기를 합니다.

❸ 가격에 대해서도 이야기를 나누며, 경제와 함께 수학적 사고도 배워봅니다.

⊕ PLUS

심부름의 교육적 효과

1. 책임감 및 신뢰성 강화

심부름을 통해 아이들은 주어진 업무를 완수하는 것이 다른 사람들에게 어떤 영향을 미치는지 배웁니다. 이는 자신이 맡은 일에 대한 책임을 지고, 신뢰를 쌓는 중요한 과정입니다.

2. 자립심 촉진

심부름을 해결함으로써 독립적인 행동 능력이 향상됩니다. 예를 들어, 우체국에 편지를 부치거나 상점에서 물건을 사 오는 것은 아이들이 혼자 할 수 있는 능력을 발전시키는 좋은 기회입니다.

3. 문제 해결 능력 개발

심부름 과정에서 예상치 못한 상황이 발생할 수 있습니다. 아이들은 이러한 상황에서 문제를 해결하는 방법을 배워, 창의적인 사고와 결정력을 개발할 수 있습니다.

4. 사회적 기술 발달

심부름은 종종 아이들이 다른 사람들과 상호 작용하게 만듭니다. 이러한 상호 작용을 통해 아이들은 의사소통 기술, 예의범절, 그리고 공감 능력 등을 배울 수 있습니다.

여러 개를 사면 가격이 더 저렴해지는 묶음 할인이나 2개를 사면 1개를 더 주는 할인을 찾아보는 놀이로, 마케팅 전략을 이해하고 합리적인 소비 습관을 기를 수 있습니다.

발달영역	추천연령	5~7세, 초등 저학년

합리적 소비 습관

소비 행동

사고력 발달

수학적 사고

(난 이 도) ★★★☆☆

(소요시간) 15분

(준 비 물) 할인 매장(편의점, 대형마트 등), 카메라

(기대효과) 할인과 관련된 수학적 사고를 발달시킬 수 있습니다.

(방　　법)
1. 할인 매장에서 묶음 할인이나 2+1 할인 상품을 찾아봅니다.
2. 각 상품의 원래 가격과 할인된 가격을 사진으로 찍습니다.
3. 사진 속 가격들을 비교하며 각각 얼마나 절약할 수 있는지 계산합니다.
4. 묶음 할인이나 2+1 할인이 실제로 경제적인지 토론합니다.

묶음 할인이나 2+1 할인이 실제로 경제적인지 토론하는 방법

필요한 물건만 사는 것의 중요성	필요한 물건만 사는 것은 불필요한 지출을 막고, 예산을 효율적으로 사용하는 데 도움이 됩니다. 아이들에게 필요한 물건과 그렇지 않은 물건을 구분하는 능력을 키우도록 합니다.
할인 때문에 불필요한 물건을 사는 것의 문제점	할인된 가격에 현혹되어 불필요한 물건을 사게 되면, 결국 예산을 초과하게 되고, 다른 필요한 물건을 사지 못할 수 있습니다. 이것은 장기적으로 경제적 부담을 늘릴 수 있습니다.
경제적 이득 계산하기	사탕 1개가 100원인데 2+1 할인을 받으면 200원에 3개를 살 수 있습니다. 하지만 사탕 1개만 필요하다면, 100원만 쓰는 것이 더 나은 선택입니다. 이와 같은 예시를 통해 할인과 실제 소비의 차이를 계산해보는 연습을 합니다.
미래 계획과 예산 설정	할인된 가격에 현혹되지 않고, 필요한 물건을 미리 계획하고 예산을 설정하는 방법을 배우게 합니다. 예산을 설정하고 그 안에서 소비를 계획하면, 불필요한 지출을 막고 경제적 안정을 유지할 수 있습니다.

➕ TIP

카메라 대신 아이들이 직접 종이와 펜으로 메모하고 현장에서 직접 할인 가격을 계산해도 좋습니다.

가격 탐정단 되기

STEP 3

계절과 기후가 물건의 가격에 미치는 영향을 알아보는 놀이로, 물건의 가격 변동 원리를 통해 경제와 사회를 이해하고 가격을 비교하는 과정에서 예산 관리 및 경제 관념도 함께 발달합니다.

(발달영역)

합리적 소비 습관

경제 관념

사고력 발달

(추천연령) 6~7세, 초등 저학년

(난 이 도) ★★★★☆

(소요시간) 30분

(준 비 물) 종이, 펜

(기대효과) 농산물 가격의 변화를 알아보며 실생활과 경제의 연결을 경험합니다.

(방   법)

❶ 아이와 함께 전단지에서 과일과 채소의 가격을 확인합니다.

❷ 전단지에서 찾은 과일과 채소의 가격을 종이에 기록합니다. (날짜를 꼭 적어주세요.)

❸ 지난 주 또는 지난 달과 비교하여 가격 변동을 확인합니다.

❹ 가격이 왜 변동했는지 아이와 함께 이야기합니다.

농산물 가격이 다른 이유

계절과 생산량	어떤 과일과 채소는 특정 계절에 생산량이 높습니다. 예를 들어, 여름에는 수박과 복숭아가 많이 생산되어 가격이 저렴해지고, 겨울에는 귤과 감이 많이 나와 가격이 낮아집니다. 한 계절에 많은 농산물이 한꺼번에 시장에 나오면 가격이 내려가지만, 그 계절이 아닐 때는 가격이 오를 수 있습니다.
기후조건	비가 많이 오면 농작물이 물에 잠기거나 병에 걸려 생산량이 줄어들고, 이는 가격 상승으로 이어집니다. 가뭄이 들면 물이 부족해서 작물이 잘 자라지 못해 생산량이 줄어들고, 이로 인해 가격이 오를 수 있습니다. 날씨가 너무 춥거나, 너무 더울 때도 농작물이 잘 자라지 못해서 가격이 변합니다.
수요와 공급	사람들이 어떤 특정한 농산물을 많이 사려고 할 때, 농산물의 가격이 오를 수 있습니다. 예를 들어, 명절 때는 사람들이 제사 음식으로 과일과 채소를 많이 사기 때문에 가격이 오릅니다. 또 농산물이 어디서 오는지에 따라서도 가격이 달라집니다. 예를 들어, 다른 나라에서 농산물을 수입할 때 그 나라의 날씨나 상황에 따라 공급이 줄어들면 가격이 오를 수 있습니다.

➕ TIP

시기에 따라 실제 전단지를 구하기 어렵다면, 장보기 앱이나 온라인 마트 사이트 등을 통해 쉽게 가격을 비교할 수 있습니다.

STEP 3 우리 동네 상점 탐험하기

동일한 물건의 가격이 상점마다 왜 다른지 알아보는 놀이로, 유통과 박리다매, 편리성 등의 경제 원리를 이해할 수 있습니다.

(발달영역)

합리적 소비 습관

집중력 향상

사고력 발달

(추천연령) 6~7세, 초등 저학년

(난 이 도) ★★★★☆

(소요시간) 30분

(준 비 물) 종이, 펜

(기대효과) 매장별 물건 가격 차이를 알아보며 실생활과 경제의 연결을 경험합니다.

(방   법)

❶ 종이에 특정 간식과 구매할 수 있는 다양한 상점을 정리합니다.

❷ 아이와 함께 정한 상점을 차례로 방문합니다. (예: 다이소, 편의점, 동네 마트, 대형 마트 등)

❸ 각 상점에서 특정 간식의 가격을 확인하고 기록합니다. 사진을 찍어도 좋습니다.

❹ 집에 돌아와 왜 같은 물건의 가격이 상점마다 다른지 이야기 나눕니다.

❺ 가장 저렴한 상점을 찾아보고, 현명하게 소비하는 방법도 함께 고민해봅니다.

상점별로 가격이 다른 이유

유통구조 (대형 마트 vs. 편의점)	대형 마트는 대량으로 물건을 구매하여 유통 비용을 절감할 수 있습니다. 이로 인해 더 저렴한 가격으로 판매할 수 있습니다. 편의점은 소량의 물건을 구매하기 때문에 대형 마트에 비해 유통 비용이 높아집니다. 따라서 가격이 더 비쌀 수 있습니다.
박리다매 (대형 마트 vs. 동네 마트)	대형 마트는 많은 양의 상품을 팔아 적은 이익을 많이 남기는 방식으로 운영됩니다. 이는 전체적인 판매 수익을 높이고, 상품 가격을 낮출 수 있습니다. 동네 마트는 대형 마트만큼 많은 양을 판매하지 않기 때문에 이익을 확보하기 위해 가격을 높게 설정할 수 있습니다.
편리성 (대형 마트 vs. 편의점)	대형 마트는 주로 교외에 위치해 있어 접근성이 떨어질 수 있지만, 한 번에 많은 물건을 저렴하게 구매할 수 있습니다. 편의점은 접근성이 높고 편리한 위치에 있어 소비자들이 쉽게 방문할 수 있습니다. 이러한 편리성을 제공하는 대가로 가격이 높게 책정될 수 있습니다.
운영비용 (대형 마트 vs. 편의점)	대형 마트는 넓은 공간과 많은 고객을 동시에 수용할 수 있어 운영비용을 효율적으로 관리할 수 있습니다. 편의점은 24시간 운영하는 경우가 많아 인건비와 운영비용이 더 높습니다. 이러한 추가 비용이 상품 가격에 반영됩니다.
할인 및 프로모션 (대형 마트 vs. 동네 마트)	대형 마트는 자주 대규모 할인 행사와 프로모션을 진행하여 더 낮은 가격으로 물건을 판매할 수 있습니다. 동네 마트는 대형 마트처럼 대규모 할인 행사를 자주 진행하기 어렵기 때문에 가격이 높을 수 있습니다.

➕ PLUS

아이가 상점별 가격 비교 결과를 그림이나 표로 표현할 수도 있습니다. 직접 찍은 사진으로 간식 가격 지도를 만들거나 그래프를 그리면서 창의력 활동으로 확장할 수도 있습니다.

STEP 3 · 내 물건 가격 알아보기

물건의 가치를 돈으로 가늠해보는 놀이로, 물건의 가격을 통해 돈의 금액 단위를 수학적으로 인식하게 됩니다. 돈의 단위를 알게 되면서 합리적 소비 습관과 경제 관념도 배울 수 있습니다.

발달영역

합리적 소비 습관

인지 발달

수학적 사고

추천연령 5~7세

난 이 도 ★★☆☆☆

소요시간 15분

준 비 물 가정 내 물건들, 포스트잇, 펜

기대효과 각각의 물건을 가격과 연결하면서 인지 발달이 이루어집니다.

방 법

❶ 가정 내 물건들을 몇 가지 한자리에 모아봅니다.

❷ 예상되는 가격을 아이가 가늠해보도록 합니다.

❸ 부모가 실제 가격을 알려주고, 포스트잇에 가격을 적어서 붙입니다.

❹ 돈의 크기에 대해 물건끼리 비교하며 이야기 나눕니다. (예: "체온계는 10만 원이라 1천 원인 젤리를 100개 살 수 있는 가격이야.")

가격 인식 중요성	아이들이 물건의 가격을 알게 되면, 각 물건이 가진 가치와 그것을 구매하기 위해 필요한 돈의 양을 이해하기 시작합니다. 이는 물건을 단순히 원한다는 감정에서 더 나아가 그것이 실제로 얼마나 값진지를 고려하게 만듭니다.
구매 결정에 참여	아이가 물건의 가격을 알고 있다면, 부모는 아이에게 물건 구매에 대해 논리적으 로 설명할 수 있습니다. 예를 들어, "이 장난감은 너의 한 달 용돈으로 살 수 없어서. 다음 달에 돈을 더 모으면 생각해보자"와 같이 대화할 수 있습니다.
예산 이해 및 관리	가격 인식은 아이들에게 예산 개념을 소개하는 좋은 기회입니다. 아이들이 가격을 알고, 그것이 가계 예산에 어떤 영향을 미치는지 이해하면, 아이들은 돈의 가치와 관리의 중요성을 배울 수 있습니다.
감정적 충동 조절	아이가 물건의 가격을 인식하고 그것이 자신의 구매 능력을 넘어서는지 아는 경 우, 충동적인 구매를 억제하는 법을 배울 수 있습니다. 이는 자기 조절 능력을 키우 는 데 중요한 단계입니다.
토론과 협상의 기회	가격에 대한 인식은 부모와 아이 사이의 건설적인 대화를 촉진할 수 있습니다. 아 이가 원하는 물건을 살 수 없을 때, 다른 대안을 제시하거나 다음에 구매할 수 있는 계획을 함께 세워보는 것은 문제 해결 능력과 협상 능력을 발달시킬 수 있습니다.

STEP 3 · 1만 원으로 쇼핑하기

약속한 특정 금액 내에서 물건을 구매하는 놀이로, 가진 돈을 어떻게 활용할지 고민하며 올바른 소비 습관을 기를 수 있습니다.

발달영역

소비 행동

합리적 소비 습관

수학적 사고

사회성 발달

추천연령 6~7세, 초등 저학년

난 이 도 ★☆☆☆☆

소요시간 20분

준 비 물 일정 금액의 현금(예시: 1만 원)

기대효과 아이가 직접 소비에 대한 결정을 하면서 자신의 소비 행동을 파악해볼 수 있습니다. 나아가 돈의 목적에 대해 스스로 의사결정할 수 있는 주체적인 능력을 키워줍니다.

방 법
1. 1만 원을 주며 아이에게 어떻게 사용할지 물어봅니다.
2. 사고 싶은 물건을 고르고 남은 금액을 알려줍니다.
3. 남은 금액에 대해 다른 것을 살지 소비를 멈출지 아이가 고민할 수 있도록 기다려줍니다.
4. 소비를 멈춘다면 남은 금액은 저금합니다.

➕ TIP

만약 처음부터 소비 없이 모든 금액을 저금한다고 하면, 그것도 아이의 선택이니 존중해주세요. 정해진 금액에 대해서는 아이의 선택에 자율성을 주는 것이 좋습니다.

➕ PLUS

6~7세나 초등 저학년이 되면 '이건 사지 말걸. 이거 대신 저걸 살걸'과 같이 낭비에 대한 개념을 확립할 수 있습니다. 갑자기 생긴 돈을 의미 있게 사용했다면 작은 성공의 경험이 되고, 반대로 불필요한 소비를 했다면 후회도 경험할 것입니다. 이러한 과정을 통해서 아이들이 실패를 인내하는 정신력을 키워줄 수 있습니다. 나아가 돈에 대해 스스로 고민하고 옳고 그름을 직접 가릴 수 있는 판단력을 키우는 데 도움이 됩니다.

내가 쓴 돈 찾기

하루 동안 소비한 것들을 정리해보는 놀이로, 소비를 하면서 느꼈던 만족감을 떠올리면서 어떤 종류의 소비가 진정으로 가치 있는지 스스로 평가할 수 있습니다.

(발달영역)

소비 행동

합리적 소비 습관

집중력 향상

수학적 사고

(추천연령) 5~7세, 초등 저학년

(난 이 도) ★☆☆☆☆

(소요시간) 10분

(준 비 물) 종이, 펜

(기대효과) 아직 용돈기입장을 쓰기 어려운 아이들이 간단하게 자신의 하루 지출을 돌아볼 수 있습니다.

(방 법) ❶ 소비 목록을 만듭니다.

❷ 아이가 오늘 소비한 내역을 함께 채웁니다.

❸ 소비 금액과 그에 따른 감정(만족감)도 함께 기록합니다.

❹ 소비한 것이 없다면 작성하지 않아도 좋습니다. 그리고 '204쪽 무지출 챌린지 하기'로 연결하세요.

소비 목록 예시

00월 00일	오늘의 소비 목록	감정(만족감)
아이스크림	600원	맛있게 다 먹었다.
뽑기	500원	원하는 게 나오지 않아서 아쉬웠다.
지우개	1,000원	예뻐서 샀는데 필요하지 않았다.

⊕ PLUS

아이 스스로 자신이 무엇에 돈을 쓰고 있는지 인식할 수 있고, 절약하는 습관과 지출을 구분하는 능력을 기르는 데 도움이 됩니다. 자신의 구매 결정에 대한 감정을 되돌아보며 무엇을 중요하게 생각하고 무엇을 위해 돈을 쓸지 고민하며 올바른 소비 가치관이 자리 잡도록 도와줍니다.

물건 속 캐릭터 찾기

내가 가진 물건에 있는 좋아하는 캐릭터를 찾으며 광고에 대해 알아보는 놀이로,
각 캐릭터들이 왜 함께 있는지 따져보며 합리적 소비 습관을 기를 수 있습니다.

(발달영역)

합리적 소비 습관

인지 발달

창의력 발달

(추천연령) 4~7세

(난 이 도) ★☆☆☆☆

(소요시간) 15분

(준 비 물) 캐릭터가 있는 물건 여러 개(과자, 음료, 장난
감, 약, 옷 등)

(기대효과) 필요한 것과 원하는 것을 구분하는 기초 소
비자 의식을 키울 수 있습니다.

(방 법) ❶ 자신의 물건 중 캐릭터가 있는 물건들을 찾아서 한 곳에 모아봅니다.

❷ 캐릭터가 왜 함께 있는지에 대해서 이야기 나눕니다.

❸ 아이에게 광고가 무엇인지 설명해줍니다.

❹ 합리적으로 소비하기 위해서 어떻게 해야 하는지 알려줍니다.

❺ 자신이라면 이 물건을 어떻게 광고했을지 생각해보며 창의력 활동을 함께해봅
니다.

⊕ TIP

마트나 백화점에서 캐릭터 제품들을 찾아보며 이야기를 나누어도 좋습니다.

⊕ PLUS

광고란 상품이나 서비스에 대한 정보를 여러 형태를 통해 소비자에게 알리는 활동을 말합니다. 요즘에는 어릴 때부터 온라인 콘텐츠를 시청하면서 광고라는 것에 대해 직간접적으로 이미 접한 경우가 많습니다. 광고의 다양한 형태와 광고를 하는 이유에 대해 함께 이야기를 나누며 사고를 확장할 수 있습니다.

합리적 소비란 광고나 캐릭터에 현혹되지 않고 자신에게 꼭 필요하거나 집에 없는 물건을 충분히 고민하고 사는 것이라는 점을 알려줍니다. 필요한 것과 원하는 것을 구분하는 것은 합리적인 소비의 기초가 됩니다.

STEP 3 — 나만의 광고전단지 만들기

아이가 가진 물건을 광고하는 나만의 전단지를 만드는 놀이로, 내용을 꾸미는 과정에서 창의성을 발휘하고 마케팅의 기본 개념을 이해할 수 있습니다.

(발달영역)

합리적 소비 습관

인지 발달

창의력 발달

(추천연령) 5~7세

(난 이 도) ★★☆☆☆

(소요시간) 15분

(준 비 물) 색상지, 펜, 색연필, 사진(캐릭터, 연예인 등), 가위, 풀

(기대효과) 광고시에 어떤 내용이 들어가는지 파악하며 합리적인 소비자 의식을 갖게됩니다.

(방 법)

❶ 아이와 함께 실물 광고지를 보면서 광고지에 어떤 내용이 들어가는지 살펴봅니다.

❷ 아이가 준비한 물건을 광고할 내용을 고민합니다.

❸ 색상지에 필요한 내용을 기입합니다. (광고 문구, 가격 등)

❹ 캐릭터나 연예인 중에서 적합한 모델을 선택하고 광고지에 붙여줍니다.

❺ 색연필과 그 외 꾸미기 재료들을 이용하여 자유롭게 광고지를 꾸며줍니다.

광고지에 들어갈 내용은 어떤 게 있을까?

상품 이미지	제품의 매력적이고 선명한 이미지를 사용하여 소비자의 관심을 끌 수 있습니다. 아이가 직접 제품을 선택하고 그리도록 하면 더 창의적인 활동이 될 수 있습니다.
상품명과 브랜드	제품의 이름과 제조사 또는 브랜드명을 명확하게 표시합니다. 이는 제품을 구별하고 기억하는 데 중요한 역할을 합니다.
가격 정보	제품의 가격을 명확하게 표시하여 소비자가 구매 결정을 내릴 수 있도록 합니다. 특별 할인이나 프로모션 가격이 있다면 그 정보도 포함시키는 것이 좋습니다.
특징 및 혜택	제품의 주요 특징이나 혜택을 강조하여 소비자의 관심을 유도합니다. 예를 들어, '내구성이 강함', '사용이 간편함' 등의 특징을 강조할 수 있습니다.
구매 방법	제품을 어디서 어떻게 구매할 수 있는지에 대한 정보를 포함합니다. 온라인 링크, 매장 주소, 전화 번호 등의 구매 관련 정보를 제공합니다.
유혹적인 문구	제품에 대한 관심을 유발할 수 있는 문구를 사용합니다. 예를 들어, "지금 구매하세요! 수량 한정!", "마지막 구매 기회!" 등이 포함될 수 있습니다.
연락처 및 소셜 미디어	구매자가 추가 정보를 얻거나 문의할 수 있는 연락처와 회사의 소셜 미디어 페이지 링크를 추가하여 소비자가 추가 콘텐츠를 탐색할 수 있도록 합니다.

STEP 3 보이지 않는 곳에 쓴 돈 찾기

물건뿐 아니라 경험과 서비스에 돈을 쓸 수 있다는 것을 알려주는 놀이로, 무형의 가치와 장기적인 만족을 인식하는 법을 배울 수 있습니다.

발달영역		추천연령	5~7세
소비 행동		**난 이 도**	★★☆☆☆
		소요시간	10분
합리적 소비 습관		**준 비 물**	종이, 펜
사고력 발달		**기대효과**	더욱 풍부하고 균형 잡힌 소비 가치관을 형성하는 데 도움이 됩니다.

방 법

① 종이에 보이지 않는 곳에 쓴 돈을 자유롭게 적습니다.

② 글을 쓰기 어렵다면 그림을 그리거나 말로 이야기를 나눠도 좋습니다.

③ 아이가 생각한 리스트에 대해 함께 이야기 나눕니다.

보이지 않는 곳에 쓴 돈 예시

영화관 방문	가족과 함께 영화를 보러 가는 것은 영화 티켓에 돈을 지출하는 경험입니다.
동물원 투어	동물원 입장료를 지불하고 다양한 동물들을 보며 배우는 경험입니다.
수영장 이용	지역 커뮤니티 센터나 수영장에서 수영을 배우거나 자유롭게 물놀이를 즐기기 위해 입장료를 지불합니다.
축구 캠프	축구를 배우기 위해 축구 캠프에 참가하고, 그에 따른 등록비를 지불합니다.
어린이 미술관 방문	아이들이 참여하고 체험할 수 있는 전시물이 있는 어린이 미술관을 방문합니다.
키즈 카페 또는 실내 놀이터	특별히 어린이를 위해 설계된 키즈 카페나 실내 놀이터에서 놀고, 입장료를 지불합니다.
쿠키 만들기 클래스	베이킹 스튜디오에서 진행하는 어린이 쿠키 만들기 수업에 참여하고, 수업료를 지불합니다.
페이스 페인팅	축제나 이벤트에서 페이스 페인팅 서비스를 이용하고, 아이들이 원하는 디자인으로 얼굴을 꾸미는 비용을 지불합니다.

➕ PLUS

소비의 대상을 경험으로 확장해보세요. 특정 장소 방문, 투자, 여행 등은 아이에게 소중한 경험이 될 수 있습니다. 다양한 경험은 아이들이 자신의 관심사와 능력을 탐색하게 하고, 자기 이해를 깊이 하는 데 도움을 줍니다. 경험적 소비는 단순히 물건을 구매하는 것보다 더 큰 장기적인 가치를 제공합니다. 이러한 접근은 즉각적인 만족을 넘어서 지속적인 만족과 개인적 성장을 추구하며, 인생의 가치관을 형성하는 데 중요한 역할을 합니다.

STEP **3**

무지출 챌린지 하기

돈을 아예 쓰지 않는 하루를 경험하는 놀이로, 이 과정을 통해 아이들은 절약과 적절한 소비의 중요성을 균형 있게 배울 수 있습니다.

(발달영역)

소비 행동

합리적 소비 습관

사고력 발달

(추천연령) 5~7세, 초등 저학년

(난 이 도) ★★☆☆☆

(소요시간) 1일

(준 비 물) 없음

(기대효과) 지출을 절제함으로써 절약의 가치를 체험하고, 소비가 단순한 개인적 행위가 아닌 광범위한 경제 시스템의 중요한 부분임을 이해합니다.

(방   법) ❶ 돈을 아예 쓰지 않는 무지출 날을 정합니다.

❷ 하루를 보내고 아이와 함께 무지출로 보낸 하루를 돌아봅니다.

❸ 나의 소비가 우리 사회에 어떤 영향을 주는지 이야기 나눕니다.

❹ 돈을 쓰지 않으면 어떻게 되는지도 이야기 나눠봅니다.

경제 순환과 소비의 필요성을 설명하는 3단계

1단계. 순환 시스템 설명

"우리가 상점에서 장난감이나 옷을 사면, 그 돈은 상점에서 다시 물건을 사들이는 데 쓰여. 그리고 물건을 만든 아저씨는 그 돈으로 먹을 것도 사고 가족들과 생활을 하지. 이렇게 돈은 또 다른 곳으로 가서 다른 사람들이 사용해. 돈이 계속 움직이면서 모든 사람들이 필요한 것을 살 수 있게 해주는 거야."

2단계. 소비의 필요성 설명

"○○가 좋아하는 아이스크림 가게가 있지? 우리가 그 가게에서 아이스크림을 사 먹으면, 가게 주인은 그 돈으로 더 많은 아이스크림을 사다놓을 수 있어. 만약 아무도 아이스크림을 사지 않으면, 가게는 문을 닫을 수도 있어. 그래서 우리가 아이스크림을 사먹는 것처럼, 돈을 쓰는 건 중요해. 그래야 가게도 운영을 계속하고, 우리도 맛있는 아이스크림을 먹을 수 있으니까."

3단계. 균형 있는 소비 강조

"하지만 매일 많은 아이스크림을 사 먹으면, 우리 몸에 안 좋고 돈도 너무 많이 쓰게 돼. 그래서 우리는 필요할 때 적당량의 아이스크림만 사 먹는 거야. 이렇게 돈을 적절히 사용하면, 우리는 필요한 것을 살 수 있고, 가게도 잘 운영할 수 있어."

STEP 3 돈이 없다면 어떨지 알아보기

돈이 없는 세상을 상상해보는 놀이로, 돈의 역할과 중요성을 이해하고 자원의 소중함을 깨달으며 현명한 소비 습관을 기를 수 있습니다.

(발달영역)

합리적 소비 습관

정서 발달

창의력 발달

(추천연령) 5~7세, 초등 저학년

(난 이 도) ★★★★☆

(소요시간) 20분

(준 비 물) 종이, 펜

(기대효과) 현재의 경제 시스템 외에도 다양한 대안적 시스템을 생각해보며, 창의성과 미래 지향적 사고를 기를 수 있습니다.

(방   법)

❶ 종이에 돈이 없다면 달라질 세상을 자유롭게 그리도록 합니다.

❷ 그림 옆에 간단한 설명도 쓰도록 합니다.

❸ 아이와 그림을 보며 함께 이야기 나눕니다.

돈이 없다면 달라질 세상

변화	설명	예시
물물 교환	물건이나 서비스를 서로 교환해요.	농부가 채소를 주고, 목수에게 의자를 받아요.
공동체 협력	모여서 함께 일하고 자원을 나눠요.	마을 사람들이 함께 농사를 지어 수확물을 나눠요.
자원 재활용	물건을 버리지 않고 다시 사용해요.	플라스틱을 재활용해 생활용품을 만들어요.
자급자족	필요한 것을 직접 만들고 키워요.	집에서 텃밭을 가꾸어 채소를 키워요.
신용과 신뢰	서로 믿고 물건이나 서비스를 먼저 주고받아요.	빵집 주인이 농부를 믿고 빵을 미리줘요.

➕ PLUS

돈이 없는 세상을 상상하는 과정에서 아이들은 자원의 소중함을 깨닫고, 현명한 소비 습관을 기르게 됩니다.

자원의 소중함을 깨닫기	돈이 없다는 상황을 상상하면, 아이들은 물건이나 서비스를 얻기 위해 다른 방법을 생각해야 합니다. 예를 들어, 물물 교환이나 직접 물건을 만드는 방법 등을 고민하게 됩니다. 이런 과정을 통해 자원을 쉽게 얻을 수 없는 상황을 체험하며, 자원의 소중함을 더 잘 이해하게 됩니다. 돈으로 쉽게 살 수 있었던 물건들이 이제는 매우 귀중하게 느껴집니다.
필요한 것과 불필요한 것 구분	돈이 없을 때, 아이들은 자신에게 정말로 필요한 것과 그렇지 않은 것을 구분해야 합니다. 예를 들어, 음식이나 옷 같은 건 매우 중요하지만, 장난감이나 사탕 같은 것은 덜 중요할 수 있습니다. 이 과정을 통해 아이들은 자신의 욕구를 조절하고, 자원을 효율적으로 사용하려는 습관을 기르게 됩니다. 이는 돈이 있는 상황에서도 불필요한 지출을 줄이고, 필요한 곳에만 돈을 쓰는 현명한 소비 습관으로 이어집니다.

이것저것 개인정보 찾기

주변에 있는 개인정보를 찾아보는 놀이로, 경제적 안전과 합리적인 소비 습관 형성에 도움을 줍니다.

(발달영역)

합리적 소비 습관

개인정보

사고력 발달

(추천연령) 5~7세, 초등 저학년

(난 이 도) ★★★☆☆

(소요시간) 20분

(준 비 물) 카메라, 주변 개인정보(택배상자의 집 주소, 자동차의 번호판, 휴대폰 번호, 카드번호, 주민번호 등)

(기대효과) 개인정보가 유출되면 신용과 금융 거래에 어떤 위험이 발생할 수 있는지를 이해할 수 있습니다.

(방   법)

❶ 아이와 함께 주변의 다양한 물건에서 개인정보를 찾아봅니다.

❷ 찾은 개인정보를 카메라로 사진을 찍습니다.

❸ 모아둔 사진을 함께 보며 어떤 개인정보가 담겼는지 아이와 이야기 나눕니다.

❹ 개인정보를 보호하기 위한 방법을 함께 의논합니다.

⊕ PLUS

디지털 환경 속 개인정보와 합리적 소비

인터넷과 스마트 기기의 사용이 늘어나면서 개인정보 유출의 위험도 증가하고 있습니다. 아이들이 디지털 환경에서 개인정보를 안전하게 관리하는 방법을 배우는 것이 중요합니다. 개인정보를 잘 보호하면, 정확한 정보를 바탕으로 안전하게 쇼핑할 수 있습니다. 이렇게 하면 불필요한 지출을 줄이고, 필요한 것만 합리적으로 살 수 있게 됩니다.

STEP 3 영수증 분석하기

영수증에 어떤 정보들이 있는지 살펴보는 놀이로, 영수증에 있는 여러 가지 정보를 비교하고 인식하는 과정에서 인지 발달과 함께 집중력이 향상됩니다. 영수증을 모아서 보면 자신의 소비 패턴도 돌아볼 수 있습니다.

발달영역	
합리적 소비 습관	
개인정보	
인지 발달	

(추천연령) 5~7세

(난 이 도) ★★☆☆☆

(소요시간) 10분

(준 비 물) 영수증, 종이, 펜

(기대효과) 영수증에 담긴 여러 가지 요소들을 통해 경제와 사회를 이해합니다.

(방　　법) ❶ 준비한 영수증을 종이에 붙입니다.

❷ 영수증에서 알 수 있는 정보들을 아이와 함께 살펴봅니다.

❸ 상품명과 가격, 세금(부가세), 카드번호, 멤버십 번호 등이 있습니다.

영수증에는 개인정보가 많기 때문에 다른 사람이 볼 수 없게 반드시 폐기해야 한다는 사실도 알려주세요.

⊕ PLUS

외국의 영수증을 활용하면 세계경제도 공부할 수 있습니다. 해외여행을 하며 생긴 영수증들을 모아서 놀이에 활용하면 좋습니다. 각 나라별 화폐 단위와 세금의 차이 등에 대해서도 배울 수 있습니다.

STEP 3

바코드 그림 그리기

바코드에 추가로 그림을 그리는 놀이로, 바코드를 창의적으로 꾸미는 과정에서 미적 감수성이 발달합니다.

(발달영역)

결제 수단

인지 발달

창의력 발달

미적 감수성

(추천연령) 5~7세

(난 이 도) ★★☆☆☆

(소요시간) 15분

(준 비 물) 바코드 샘플, 펜, 가위, 풀, 도화지

(기대효과) 물건의 바코드가 가진 의미를 통해 경제와 사회를 이해합니다.

(방   법) ❶ 다양한 물건에서 바코드를 가위로 잘라 준비합니다. (과자봉투, 장난감, 책 등)

❷ 도화지에 준비한 바코드를 붙이고 원하는 그림을 그립니다.

❸ 바코드 속 숫자의 의미도 함께 알아봅니다.

➕ TIP

온라인에서 '바코드 샘플'을 검색하면 다양하고 특이한 형태의 바코드를 인쇄하여 사용할 수 있습니다.

➕ PLUS

바코드 숫자의 의미

국가번호   상품번호
생산자번호   체크숫자

'국가번호'는 제품이 생산된 국가를 나타냅니다. 우리나라의 국가번호는 880과 881입니다. '생산자번호'는 물건을 제조한 제조업체의 등록번호를 나타냅니다. '상품번호'는 해당 제조업체에서 자체적으로 부여하는 상품의 번호입니다. 마지막 '체크숫자'는 여러 가지 숫자들이 제대로 입력되었는지 검증될 때 사용합니다. 이렇게 바코드를 통해서 여러 가지 정보와 경제를 알 수 있습니다. 예를 들어, 특정 과일이 주로 어느 나라에서 수입되는지 알아보고 그 나라의 경제에 대해 학습합니다.

STEP 3 나만의 카드 만들기

나만의 카드를 만들어보는 놀이로, 카드 속에 어떤 정보들이 담겨 있는지 확인하며 개인정보의 중요성을 배울 수 있습니다.

(발달영역)

결제 수단

개인정보

창의력 발달

미적 감수성

(추천연령) 4~7세

(난 이 도) ★☆☆☆☆

(소요시간) 15분

(준 비 물) 실물 카드, 색상지, 가위, 펜, 색연필, 꾸미기 재료(스티커 등)

(기대효과) 나만의 카드를 디자인하며 미적 감수성과 창의력이 발달합니다.

(방 법)
1. 색상지를 실물 카드 크기로 자릅니다.
2. 실물 카드를 참고해서 종이 카드에 이름, 카드번호, 유효기간 등의 정보를 씁니다.
3. 앞면과 뒷면을 모두 작성합니다.
4. 종이 카드에 그림과 스티커 등을 이용해 자유롭게 꾸며줍니다.

아이들에게 신용카드나 체크카드에 있는 정보(카드번호, 유효기간, CVV 코드 등)가 얼마나 중요한지 설명합니다. 실물 카드가 없어도 해당 정보들만으로 결제가 가능하다는 점도 알려주세요. 그렇기 때문에 카드를 사용할 때 정보를 안전하게 보호하는 방법, 예를 들어 카드번호를 누구에게도 알려주지 않고, 온라인에서 안전하지 않은 사이트에 카드의 정보를 입력하지 않는 등의 행동을 강조합니다. 추가로 카드에 있는 IC칩과 마그네틱선은 오프라인에서 결제할 경우에 사용된다는 점도 알려주세요.

동화 속 기회비용 알아보기

동화 속에서 선택과 기회비용을 찾아보는 놀이로, 경제적 사고 능력을 키우고 소비를 결정하는 과정에서 합리적인 선택을 하도록 도와줍니다.

(발달영역)

합리적 소비 습관

사고력 발달

창의력 발달

(추천연령) 5~7세, 초등 저학년

(난 이 도) ★★★★☆

(소요시간) 20분

(준 비 물) 종이, 펜

(기대효과) 기회비용의 개념을 재미있게 배우며, 자원을 효율적으로 사용하고 미래를 계획하는 능력을 키울 수 있습니다.

(방　　법)

① 아이에게 기회비용의 개념을 간단히 설명해주세요.

- 기회비용: 어떤 선택을 할 때, 그 선택 때문에 포기해야 하는 다른 기회나 물건을 말함.

② 종이에 동화 속에서 기회비용이 드러나는 이야기를 함께 적어봅니다.

③ 작성한 리스트를 보며 이야기 나누고, 각 동화에서 배울 수 있는 경제적 교훈을 함께 생각해봅니다.

동화 속 기회비용 이야기 예시

토끼와 거북이	토끼는 경주에서 거북이를 이길 수 있을 거라 자신하여 중간에 휴식을 취하다가 경주에서 이길 기회를 놓치게 됩니다. 기회비용은 쉬는 시간을 택하여 경주에서 이길 기회를 포기한 것입니다.
효녀 심청이	심청이가 아버지의 눈을 뜨게 하기 위해 공양미 300석과 자신의 목숨을 바꾸는 이야기입니다. 기회비용은 아버지의 시력을 위해 자신의 목숨을 포기한 것입니다.
인어공주	인어공주는 목소리를 잃는 대신 다리를 얻어 인간이 되는 이야기입니다. 기회비용은 다리를 얻기 위해 목소리를 포기한 것입니다.
황금 알을 낳는 거위	농부가 더 많은 황금 알을 얻으려는 욕심에 거위를 죽여 확인하려다 결국 모든 황금 알을 잃게 되는 이야기입니다. 기회비용은 매일 조금씩 얻을 수 있는 황금 알을 포기하고 순간의 욕심을 택한 것입니다.

➕ PLUS

동화에서 기회비용을 찾기 어렵다면, 간단한 예시와 일상에서 경험할 수 있는 상황을 이용해도 좋습니다.

간식 선택	"너에게 사탕과 초콜릿이 있고, 둘 중 하나만 선택할 수 있다고 해보자. 사탕을 선택하면 초콜릿을 포기해야 해. 초콜릿을 포기한 것이 바로 기회비용이야."
놀이 선택	"공원에서 노는 것과 친구와 집에서 놀기 중 하나만 선택해야 한다면, 공원에서 놀기를 선택하면 친구와 집에서 노는 것을 포기해야 해. 친구와 집에서 노는 것을 포기한 것이 바로 기회비용이야."

STEP 3 체크카드 돈 봉투 만들기

체크카드 돈 봉투를 만드는 놀이로, 카드 속에 돈이 담겨 있다는 체크카드의 작동 원리를 배울 수 있습니다. 사용하는 금액을 계산하며 수학적 사고도 길러집니다.

발달영역

결제 수단

창의력 발달

수학적 사고

미적 감수성

추천연령 5~7세, 초등 저학년

난 이 도 ★★☆☆☆

소요시간 20분

준 비 물 작은 사이즈의 편지봉투, 색상지, 가위, 펜, 현금

기대효과 실물 카드와의 비교를 통해 사고력 향상에도 도움이 됩니다.

방 법

① 색상지를 준비한 편지봉투 크기로 잘라주세요.

② 편지봉투 뒷면에 자른 종이 카드를 붙여줍니다.

③ 실물 카드를 보며 종이 카드에 이름, 카드번호, 유효기간 등의 정보를 씁니다.

④ 편지봉투 안에 현금을 넣고, 아이와 체크카드로 결제 놀이를 합니다.

⑤ 결제가 이루어진 금액만큼 현금을 꺼내주고 받습니다.

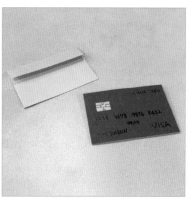

STEP 3 신용카드 메모지 만들기

신용카드 메모지를 만드는 놀이로, 신용카드의 작동 원리를 배울 수 있습니다.
사용하는 금액을 계산하며 수학적 사고도 길러집니다.

(발달영역)

결제 수단

창의력 발달

수학적 사고

미적 감수성

(추천연령) 5~7세, 초등 저학년

(난 이 도) ★★☆☆☆

(소요시간) 20분

(준 비 물) 색상지, 펜, 연필, 지우개, 가위

(기대효과) 실물 카드와의 비교를 통해 사고력 향상에
도 도움이 됩니다.

(방   법) ① 색상지를 실물 카드 크기로 자릅니다.

② 실물 카드를 참고해서 종이카드 앞면에는 이름, 카드번호, 유효기간 등의 정보
를 쓰고, 뒷면에는 한도와 사용내역 칸을 만듭니다.

③ 아이와 신용카드로 결제 놀이를 합니다.

④ 한도 내에서 사용할 때마다 카드 뒷면에 메모하고 결제합니다. 결제가 끝나면
지우개로 사용 내역을 지웁니다.

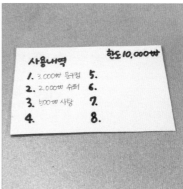

➕ PLUS

아이에게 장난감이나 간식을 '빌려주고' 나중에 '갚는' 행위를 통해 신용을 설명합니다. 예를 들어, 아이가 장난감을 빌리면 "이것은 나중에 갚아야 해"라고 말하며, 아이가 약속을 지킬 때 그것이 얼마나 중요한지 강조합니다.

체크카드
vs. 신용카드

체크카드와 신용카드의 차이를 이해함으로써, 아이들은 각 카드의 장단점을 명확히 파악하고, 책임감 있는 금융 생활을 할 수 있는 기초를 쌓게 됩니다.

체그기드

체크카드는 은행 계좌에 있는 돈을 사용하여 물건을 살 수 있는 카드입니다. 카드로 결제할 때마다 계좌에서 돈이 즉시 빠져나갑니다. 예를 들어, 계좌에 1만 원이 있고 3천 원짜리 물건을 사면 남은 돈은 7천 원이 됩니다. 따라서 계좌에 돈이 있어야만 체크카드를 사용할 수 있습니다.

이렇게 설명해주세요!

"체크카드는 ○○의 용돈이 들어 있는 저금통과 같아. ○○가 체크카드를 사용할 때마다 저금통에서 돈이 바로 빠져나가. 저금통에 돈이 없으면 카드를 쓸 수 없어."

경제적인 교육 효과

체크카드는 아이들에게 예산 관리의 중요성을 가르칩니다. 자신이 가진 돈 안에서만 소비하는 법을 배우며, 계획적으로 돈을 사용하는 습관을 기를 수 있습니다. 원하는 물건을 사기 위해 돈을 모으거나, 필요한 물건을 먼저 사기 위해 절약하는 방법을 배울 수 있습니다.

신용카드

신용카드는 카드 회사가 먼저 돈을 빌려주고, 사용자가 나중에 그 돈을 갚는 카드입니다. 예를 들어, 신용카드로 1만 원짜리 물건을 사면 그 돈은 나중에 갚아야 할 빚이 됩니다. 신용카드는 미리 돈을 쓰고 나중에 갚는 방식이기 때문에 빚을 지는 것과 같습니다.

이렇게 설명해주세요!

"신용카드는 마치 ○○가 장난감을 먼저 사고, 나중에 그 값을 부모님께 갚는 것과 비슷해. 돈을 먼저 쓰고 나중에 갚아야 해."

경제적인 교육 효과

신용카드를 통해 아이들은 신용의 개념을 배우게 됩니다. 신용은 믿음과 신뢰를 바탕으로 돈을 빌리고 나중에 갚는 능력입니다. 신용을 잘 관리하는 것은 미래에 큰 재정적 결정을 할 때 중요한 요소가 됩니다. 아이들은 신용카드를 통해 신용을 책임감 있게 사용하고 관리하는 법을 배우며, 신중한 소비의 중요성도 깨닫게 됩니다.

돈은
어떻게
관리할까요?

마지막 'STEP 4'에서는 돈 관리하는 방법을 배움으로써, 아이들이 어른이 되었을 때 경제적으로 책임감을 가지도록 하는 것을 목표로 합니다. 아이들이 어릴 때부터 돈 관리에 긍정적인 태도를 가지고 습관을 들이면 어른이 되었을 때 복잡한 재정 상황을 효과적으로 관리할 수 있게 됩니다.

✦ 저축과 자산 관리

자산 관리 교육은 아이들이 자신의 재정적 자원을 인식하고 이를 효과적으로 관리하는 방법을 배우는 데 중점을 둡니다. 특히 아이들에게 용돈을 통한 경제 교육은 수입(용돈)과 지출의 균형을 맞추고, 자산을 어떻게 분배하여 계획적으로 소비해야 하는지를 이해할 수 있도록 합니다. 이 과정에서 간단한 예산 계획, 지출 관리 그리고 재정 목표 설정 등을 포함할 수 있습니다. 용어만 보면 어렵고 낯설 수 있지만 놀이를 하면서 예산 계획을 짜고, 간단한 용돈기입장을 작성하면 지출을 관리하는 방법을 자연스럽게 학습할 수 있습니다.

아이들에게 저축의 중요성을 가르칠 때 가장 중요한 것은, 간단한 목표를 설정해주는 것입니다. 예를 들어, "저축을 하면 ○○가 갖고 싶은 장난감을 살 수 있어"라고 설명할 수 있습니다. 이런 식으로 아이들은 작은 목표를 달성하면서 저축의 가치를 배우게 됩니다. 어린아이들은 단순한 저금통 놀이로도 가진 돈을 모두 소비하지 않고 보관할 수 있다는 개념을 배울 수 있습니다. 이를 통해 자신이 원하는 것을 즉시 갖고자 하는 욕구를 조절하고, 더 큰 보상을 위해 기다릴 줄도 알게 됩니다.

✦ 자기경영

자기경영 교육은 아이들이 일상생활에서 우선순위를 정하고, 계획적으로 행동하며, 자신의 행위에 대한 책임을 지는 법을 배우는 데 중점을 둡니다. 'STEP 4'에서는 데일리 및 위클리 할 일을 계획하고 실천하는 과정을 놀이로 발전시켰습니다. 일정 관리 기술을 키우면서 아이들은 자신의 일과를 효율적으로 조직하고 발전하여 재정적 결정을 내릴 때 필요한 자기 통제력과 독립성을 강화할 수 있습니다.

✦ 투자기초

투자 교육은 어릴 때 시작하는 게 좋습니다. 은행을 방문해서 저축 계좌를 개설하고, 이자 계산을 통해 돈이 늘어나는 원리를 가르칩니다. 또한 아이들의 관심사를 기반으로 다양한 기업과 서비스를 탐구하며 주식 투자의 기초를 배울 수 있습니다. 이 과정에서 증권사 방문과 직접적인 주식 투자 체험을 통해 금융기관이 어떻게 작동하는지도 쉽게 배울 수 있습니다. 이러한 경험은 아이들이 금융 시스템과 상호작용하는 방법을 배우고, 다양한 금융 서비스에 대한 기초 지식을 얻는 데 도움이 됩니다.

아이들에게 투자의 기초를 가르치는 목적은 그들을 전문 투자자로 만드는 것이 아닙니다. 아이들이 재정적 결정을 내릴 때 신중하고 정보에 기반을 둔 선택을 할 수 있도록 연습을 시키는 것입니다.

'STEP 4'의 놀이에서 자산 관리 방법을 배움으로써, 아이들은 금융의 복잡성을 이해하고, 돈을 효과적으로 관리할 수 있는 능력을 기르는 데 필요한 기초를 배우게 됩니다. 각 주제는 아이들이 재정적으로 건강하고 독립적인 미래를 준비하는 데 필수적인 역할을 합니다.

STEP 4

물티슈 캡 저금통 만들기

귀여운 동물 저금통에 돈을 모으는 저축 놀이로, 저금통에 돈을 넣는 행위를 통해 저축에 대한 개념을 배울 수 있습니다.

(발달영역)

저축

인지 발달

소근육 발달

(추천연령) 4~5세

(난 이 도) ★☆☆☆☆

(소요시간) 10분

(준 비 물) 상자, 물티슈 캡, 칼, 펜, 양면테이프, 동전 및 지폐

(기대효과) 다양한 형태의 화폐와 친해질 수 있습니다. 돈을 즉시 사용하지 않고 미래를 위해 보관할 수 있음을 이해합니다.

(방   법)

❶ 상자 위에 동물 모양으로 밑그림을 그립니다.

❷ 그림의 입 부분에 물티슈 캡을 덧대고 그 크기만큼 칼로 구멍을 냅니다.

❸ 입이 되는 물티슈 캡을 양면테이프로 상자 위에 붙입니다.

❹ 물티슈 캡 뚜껑을 열어 동전과 지폐를 입에 넣으며 놀이합니다.

⊕ TIP

놀이 후 실제 저금통으로 사용해도 좋습니다.

STEP 4

토끼 입 쏙 저금하기

아이와 함께 그린 토끼 그림 입 속으로 저금하는 놀이로, 동전을 넣는 행위를 통해 저축에 대한 개념을 배울 수 있습니다.

(발달영역)

저축

인지 발달

소근육 발달

(추천연령) 4~5세

(난 이 도) ★☆☆☆☆

(소요시간) 10분

(준 비 물) 상자, 펜, 칼, 동전

(기대효과) 다양한 형태의 동전과 친해질 수 있습니다.

(방 법)

❶ 적당한 크기의 상자를 준비하여, 상자 뚜껑 안쪽에 토끼 그림을 그립니다.

❷ 토끼의 입 부분을 칼로 동그랗게 오려주세요.

❸ 동전을 여러 개 상자 뚜껑에 올리고 입 쪽으로 굴리며 놀이합니다.

❹ 뚜껑 밑에는 상자 바구니를 준비해서 떨어지는 동전이 담기도록 합니다.

⊕ TIP

토끼 대신 아이가 좋아하는 동물을 그려도 좋습니다.

⊕ PLUS

아이가 수학적 사고를 시작했다면, 바구니 속 동전이 몇 개인지 세거나 금액을 계산해볼
수 있습니다.

STEP 4 · 3개의 저금통 만들기

소비, 저축, 기부의 목적으로 3개의 저금통을 만드는 놀이로, 돈을 저축하고 돈이 쌓이는 것을 직접 보면서 특정 목표를 달성하기 위한 의지와 동기를 배울 수 있습니다.

(발달영역)

저축

자산 관리

자기경영

정서 발달

(추천연령) 4~7세

(난 이 도) ★☆☆☆☆

(소요시간) 15분

(준 비 물) 플라스틱 컵 3개, 라벨지, 리본 끈, 벨크로, 대표 이미지(소비, 저축, 기부)

(기대효과) 재정적 목표를 세우고 자산을 관리하는 첫 번째 연습이 됩니다.

(방 법)
1. 3개의 라벨지에 각각 '소비', '저축', '기부'라고 씁니다.
2. 플라스틱 컵에 각각의 라벨지를 붙이고, 리본 끈을 이용해서 꾸밉니다.
3. 소비, 저축, 기부 하면 떠오르는 이미지에 벨크로를 이용하여 컵에 붙입니다.
4. 아이와 함께 저금하며 놀이합니다.

2부 x 경제 개념, 소비 습관, 돈 관리법까지 배우는 쉽고 재미있는 경제 놀이

➕ PLUS

유아부터 초등 저학년까지는 돈을 관리하는 습관을 만드는 데 초점을 맞추는 것이 좋습니다. 초등 저학년 이후에는 '투자' 저금통을 추가해서 4개의 저금통을 운영하는 것을 추천합니다.

용돈기입장 쓰기

STEP 4

용돈기입장을 작성하며 나의 수입과 지출을 관리하는 놀이로, 지출을 계획하고 불필요한 지출을 줄이는 방법을 배우는 데 도움이 됩니다. 간단한 덧셈과 뺄셈을 연습하면서 기본적인 수학 사고력도 향상시킬 수 있습니다.

(발달영역)

자산 관리

합리적 소비 습관

자기경영

수학적 사고

(추천연령) 6~7세, 초등 저학년

(난 이 도) ★★★☆☆

(소요시간) 7일

(준 비 물) 컴퓨터, 프린터

(기대효과) 돈의 관리와 기록의 중요성을 배울 수 있습니다.

(방   법)
1 용돈기입장 표를 만듭니다.

2 1행에 날짜, 내용, 들어온 돈(+), 나간 돈(-), 남은 돈을 각각 써주세요.

3 아이가 쓸 수 있도록 여유롭게 칸을 만들고, 프린터로 2장 출력합니다.

4 1장은 예시로 아이에게 작성법을 설명하고, 남은 1장은 아이가 일주일 동안 쓰도록 합니다.

용돈기입장 예시

(단위: 원)

날짜	내용	들어온 돈(+)	나간 돈(-)	남은 돈
2/1(월)	용돈	3,000		3,000
2/2(화)	간식(아이스크림)		500	2,500
2/4(목)	추가 용돈(부모님 안마)	500		3,000
2/5(금)	문구점(스티커)		700	2,300

⊕ TIP

용돈기입장 아래에 일주일간 지출에 대한 다짐과 반성을 추가할 수 있습니다.

⊕ PLUS

용돈기입장 작성에 앞서 용돈 운영 규칙을 함께 정하면 좋습니다.

○○○의 용돈 계약서

1. 용돈 금액은 (원)입니다.
2. 용돈을 받는 기간은 (매일, 1주일, 2주일, 한 달)로 정합니다.
3. 용돈의 (%)는 저축을 합니다.
4. 용돈의 (%)는 기부를 합니다.
5. 학습에 필요한 물품 구입은 부모가 지출할 수 있습니다.
6. 용돈기입장을 작성합니다.

용돈을 성실하게 관리하겠습니다.

자녀   (인)
부모   (인)

1천 원으로 쇼핑하기

1천 원으로 사고 싶은 물건을 직접 사보는 놀이로, 간식이나 무언가를 살 때 통제된 금액으로 구매하는 선택과 결정을 경험할 수 있습니다.

(발달영역)

자산 관리

합리적 소비 습관

자기경영

수학적 사고

(추천연령) 4~6세

(난 이 도) ★☆☆☆☆

(소요시간) 20분

(준 비 물) 1천 원

(기대효과) 갖고 싶은 것을 일부 포기하는 과정에서 기회비용을 학습할 수 있습니다.

(방   법)
1. 아이와 함께 마트나 편의점에 갑니다.
2. 1천 원을 아이에게 건네며 이 금액만큼만 살 수 있다고 알려주세요.
3. 아이가 원하는 것을 고르면 금액을 알려주세요.
4. 금액이 넘지 않는다면 구입하고, 금액이 넘는다면 초과 금액을 알려주며 살 수 없다고 알려주세요.

⊕ TIP

1천 원만 쓰는 날이 어느 정도 익숙해지면, '244쪽 용돈 달력 만들기'로 연결하세요. 절제
가 연습이 됐다면, 용돈 달력을 만들어서 일주일, 한 달 단위로 절제의 기간을 늘려 보세요.

⊕ PLUS

유아들은 경제적 개념이나 금액의 가치를 이해하는 데 아직 완전하지 않습니다. 그래서
물건의 가격을 정확히 이해하고 계산하는 것보다는 물리적으로 눈에 보이고 쉽게 인지할
수 있는 '개수'를 기준으로 사고하고 의사소통하는 경향이 있습니다. "1개는 무엇이든 살
수 있지"라거나 "가는 곳마다 1개만 사야지"라고 말하는 경우가 그렇습니다. 이때 물건
의 금액에 관심을 가지고 알게 되는 것은 아이들에게 돈의 가치와 절제를 학습할 수 있는
기회가 됩니다.

아이스크림과 시간 여행하기

아이스크림의 과거 가격과 현재 가격을 비교하면서 인플레이션을 알아보는 놀이로, 가격 변화 속에 나의 자산은 어떻게 관리하면 좋을지도 생각해볼 수 있습니다.

(발달영역)	(추천연령) 5~7세, 초등 저학년
자산 관리	(난 이 도) ★★★★☆
	(소요시간) 20분
인지 발달	(준 비 물) 종이, 펜
사고력 발달	(기대효과) 시간이 지남에 따라 화폐의 가치가 어떻게 변하는지 이해할 수 있습니다.

(방   법)
1. 아이가 좋아하는 아이스크림의 과거 가격을 시대별로 조사합니다.
2. 인터넷 검색을 통해 가격 정보를 찾아보세요.
3. 조사한 가격 정보를 바탕으로 아이스크림 가격이 어떻게 변해왔는지 생각해봅니다.
4. 아이에게 인플레이션의 개념을 간단히 설명해줍니다. 인플레이션 상황에서 우리의 자산을 어떻게 관리해야 할지 함께 이야기해봅니다.

- 인플레이션: 물건의 가격이 시간이 지나면서 올라가는 현상을 말함.

1970년대	1990년대	2000년대	현재

100원	500원	700원	1,000원

➕ PLUS

분석한 아이스크림 가격을 통해 인플레이션 설명하는 방법.

"몇 년 전에는 아이스크림 1개를 1,000원에 살 수 있었지만, 지금은 2,000원이 필요해. 시간이 지나면서 돈의 가치가 떨어져 같은 물건을 사려면 더 많은 돈이 필요하게 되는 현상을 인플레이션이라고 해."

단어가 어려워서 단어 자체를 완전하게 이해하지 못해도, 어떤 의미인지는 충분히 이해할 수 있습니다.

피자 예산 짜기

피자 조각을 나누며 예산을 짜는 놀이로, 예산을 파악하는 것은 계획적 소비로 이어지며, 자산 관리와 자기경영의 기초를 배울 수 있습니다.

(발달영역)

자산 관리

합리적 소비 습관

자기경영

수학적 사고

(추천연령) 5~7세, 초등 저학년

(난 이 도) ★★☆☆☆

(소요시간) 15분

(준 비 물) 피자 이미지, 연필, 자, 가위, 펜

(기대효과) 예산에 따라 피자 조각을 자르면서 돈의 흐름을 시각적으로 이해할 수 있습니다.

(방 법)

① 원형의 피자 이미지를 준비합니다. < 305쪽 부록7 사용 >

② 아이의 소비 내역 중 가장 큰 비중을 차지하는 영역부터 순서대로 정리합니다.

③ 소비 비중에 따라 조각의 크기를 조절하여 연필로 조각을 그리고, 각 피자 조각에 해당하는 소비 내역을 적어주세요.

④ 가위를 이용해 조각을 자르고, 조각을 맞춰보며 예산을 확인합니다.

➕ TIP

아이의 소비 명세를 파악하기 어렵다면 우리 집 예산을 비중별로 정리해서 놀이할 수 있습니다.

STEP 4 나만의 종이 지갑 만들기

나만의 종이 지갑을 만드는 놀이로, 자신의 지갑에 돈을 보관하면 돈을 함부로 다루지 않게 되며, 이는 저축의 시작이 됩니다.

(발달영역)

저축

자산 관리

창의력 발달

미적 감수성

(추천연령) 4~6세

(난 이 도) ★★☆☆☆

(소요시간) 20분

(준 비 물) 종이 봉투, 벨크로, 비즈 줄, 테이프, 꾸미기 재료(스티커, 펜 등)

(기대효과) 지갑이 생기면 자신의 돈에 대한 소유 개념도 배울 수 있습니다.

(방 법)
1. 종이 봉투 양 끝에 손잡이가 될 비즈 줄을 테이프로 붙입니다.
2. 봉투의 여닫는 뚜껑 부분에 벨크로를 각각 붙입니다.
3. 꾸미기 재료를 이용해 지갑을 예쁘게 꾸며주세요.
4. 자신의 돈을 지갑에 소중하게 보관합니다.

용돈 달력 만들기

한정된 금액이 담긴 용돈 달력을 만드는 놀이로, 자산 관리의 시작인 소비 절제를 배울 수 있습니다.

(발달영역)

자산 관리

합리적 소비 습관

자기경영

수학적 사고

(추천연령) 6~7세, 초등 저학년

(난 이 도) ★★☆☆☆

(소요시간) 20분

(준 비 물) 색상지, opp 봉투(미니), 양면테이프, 펜

(기대효과) 절제에 성공한 아이들은 목표 달성의 만족감을 경험하며, 이는 향후 자산 관리 능력으로 이어집니다.

(방   법) ❶ 색상지에 opp 봉투를 한 달 날짜로 배치하고, 양면테이프를 이용하여 붙입니다.

❷ 봉투에 매직 펜으로 1부터 31까지 씁니다.

❸ 매일 정한 예산에 해당하는 금액을 opp 봉투에 넣습니다.

❹ 계획한 예산대로 한 달 생활을 보냅니다.

➕ TIP

처음부터 한 달 목표로 하기 힘들다면, 처음에는 일주일 단위로 운영하는 것도 좋습니다. 특히 유아기 아이들은 장기적인 계획을 세우고 관리하는 능력이 완전히 발달하지 않았기 때문에, 짧은 기간 동안 적은 금액을 관리하는 것이 더 효과적일 수 있습니다.

➕ PLUS

소비 절제는 단순히 금전적인 측면을 넘어서 개인의 전반적인 생활 관리와 자기 통제력을 발달시키는 데 중요한 역할을 합니다. 소비 절제는 매일의 선택에서 즉각적인 만족보다는 장기적인 목표를 우선시하는 행동을 요구합니다. 이러한 연습은 아이들이 감정이나 충동을 통제하고, 합리적인 결정을 내릴 수 있는 능력을 개발하는 데 도움을 줍니다.

나만의 종이 통장 만들기

나만의 통장을 만드는 놀이로, 통장에 담긴 내용들을 확인하며 저축의 개념과 함께 쌓이는 이자도 배울 수 있습니다.

(발달영역)

저축

인지 발달

창의력 발달

미적 감수성

(추천연령) 4~7세

(난이도) ★☆☆☆☆

(소요시간) 15분

(준 비 물) 실제 통장, 색상지, 가위, 펜, 색연필, 꾸미기 재료

(기대효과) 나만의 통장을 디자인하며 미적 감수성과 창의력이 발달합니다.

(방 법) ❶ 색상지를 실제 통장 크기로 자릅니다.

❷ 실제 통장을 참고해서 이름, 계좌번호, 서명 등의 기본 정보를 씁니다.

❸ 종이 통장 내부에 거래일, 입출금 금액 등을 써줍니다. 이때 이자의 개념도 함께 설명해주세요.

❹ 종이 통장 외부와 내부를 자유롭게 꾸며보세요.

➕ PLUS

실제 은행에 방문해서 ATM 기계로 통장 정리를 해보는 것도 좋습니다. 실제 생활에서 금융이 어떻게 작동하는지 직접 보고 경험함으로써, 이론적인 지식을 실제 상황에 적용하는 법을 배우게 됩니다. ATM 기계의 사용 방법을 배울 수 있고, 이는 금융 도구를 이해하고 사용하는 기회를 제공합니다.

은행 체험하기

STEP 4

은행에 직접 방문하여 금융기관을 경험하는 놀이로, 저금통에 모은 돈을 자신의 계좌에 저금하는 행위를 통해 저축과 이자를 실제로 경험할 수 있습니다.

(발달영역)

저축

자산 관리

투자기초

사회성 발달

(추천연령) 4~7세, 초등 저학년

(난 이 도) ★★☆☆☆

(소요시간) 30분

(준 비 물) 가까운 은행, 용돈이나 저금통

(기대효과) 은행이 어떤 일을 하는지 직접 가서 체험할 수 있습니다.

(방　법) ❶ 아이와 함께 은행을 방문합니다.

❷ 은행을 둘러보며 은행에서 어떤 업무를 볼 수 있는지 함께 알아봅니다.

❸ 아이 이름으로 된 계좌가 없다면 아이와 함께 계좌를 개설합니다.

❹ 그동안 모은 용돈이 있다면 통장에 저축합니다.

➕ PLUS

아이와 은행에서 할 수 있는 일

- **계좌 개설**: 아이 명의의 저축 계좌를 개설해보세요. 계좌 개설 과정을 통해 아이는 자신의 돈을 은행에 맡기는 것이 어떤 의미인지 배우고, 저축의 중요성에 대해 이해할 수 있습니다.

- **ATM 사용**: 입출금, 잔액 조회 등 기본적인 ATM 기능을 체험하면서, 아이는 현금 관리와 디지털 금융 도구 사용법을 배울 수 있습니다.

- **실제 거래 체험**: 저금통에 모았던 돈을 저축할 수 있도록 도와주세요. 아이가 직접 은행 창구에 가서 돈을 입금하는 과정을 체험하면서, 실제 금융 거래가 어떻게 이루어지는지 배울 수 있습니다.

- **환전**: 한국 화폐를 다른 국가의 화폐로 바꿔보는 경험은 국가마다 다른 화폐를 사용한다는 점을 학습할 수 있습니다. 환전 비율이 국가마다 다른 점을 통해 환율의 개념을 가볍게 접할 수 있습니다.

찍찍이 계획표 만들기

매일 해야 할 일을 계획하고 실천하는 놀이로, 일상을 효과적으로 관리하는 자기 통제력을 키우면서 충동구매를 피하고 장기적인 재정 목표를 달성하기 위해 저축할 수 있는 만족 지연 능력을 강화합니다.

(발달영역)

자기관리

자기경영

신용

(추천연령) 4~6세

(난 이 도) ★★☆☆☆

(소요시간) 1일

(준 비 물) 색상지, 벨크로, 펜, 풀, 가위

(기대효과) 약속을 지키는 방법을 연습하고 신용의 기본을 다집니다.

(방   법)
① 색상지에 하루 동안 해야 할 일을 그림이나 글로 씁니다.
② 다른 색깔의 색상지를 길게 잘라서 반으로 접고, 접은 양쪽 면이 붙을 수 있도록 벨크로를 붙입니다.
③ ②를 ①에 각각 붙입니다.
④ 아이가 할 일을 했을 때마다 벨크로가 붙은 색상지를 접어서 붙입니다.
⑤ 매일 저녁, 하루 동안 해낸 일을 함께 보고 모두 완수했다면 아이에게 적절한 보상을 합니다.

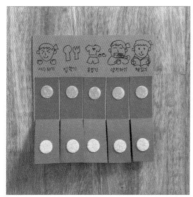

➕ PLUS

아이의 연령과 인지 발달 단계에 맞추어 할 일을 조정하는 것은 발달 심리학의 권장 사항에 따라 매우 중요합니다. 이에 따라 초기 아동기와 중기 아동기로 구분하여 접근합니다.

1. 초기 아동기(3~5세): 데일리 관리

이 시기의 유아들은 인지, 언어, 사회적, 감성적 및 신체적 능력이 빠르게 발달합니다. 감각적 경험과 반복적인 활동을 통해 학습하는 나이대에는 일상적으로 반복되는 할 일이 적합합니다. 이는 아이들에게 일관성과 예측 가능성을 제공하며, 기본적인 일상 루틴과 자기관리 능력을 키우는 데 도움을 줍니다. 예를 들어, 매일 같은 시간에 이를 닦거나 장난감을 정리하는 활동은 아이들이 구조화된 환경에서 안정감을 느끼고 기본적인 자기관리 습관을 형성하는 데 중요합니다.

2. 중기 아동기(5~8세): 위클리 관리

아이들이 중기 아동기에 접어들면, 인지 능력이 복잡한 계획 수립과 고차원적 사고를 가능하게 합니다. 이 시기의 아이들은 다양한 활동을 계획하고 실행하는 능력이 향상되며, 주간별로 다양한 할 일을 설정하고 관리하는 것이 적합합니다. 이는 아이들의 계획성, 문제 해결 능력 및 유연성을 발전시키며, 전반적인 발달을 촉진합니다.

STEP 4 소스 통 위클리 계획표 만들기

일주일 동안 해야 할 일을 계획하고 실천하는 놀이로, 일상을 효과적으로 관리하는 자기 통제력을 키우면서 충동구매를 피하고 장기적인 재정 목표를 달성하기 위해 저축할 수 있는 만족 지연 능력을 강화합니다.

발달영역

자기관리

자기경영

신용

추천연령 5~7세, 초등 저학년

난 이 도 ★★☆☆☆

소요시간 7일

준 비 물 소스 통 7개, 펜, 메모지

기대효과 약속을 지키는 방법을 연습하고 신용의 기본을 다집니다.

방 법

❶ 소스 통 7개를 준비하고 펜으로 통에 요일을 표시합니다.

❷ 각 요일에 해당하는 할 일을 메모지에 적습니다.

❸ 메모지를 해당 요일의 소스 통에 넣고, 매일 하나씩 통을 열어 할 일을 수행합니다.

❹ 일주일 동안 미션 수행 상태를 검토하고, 모두 잘 완수했다면 아이에게 적절한 보상을 해주세요.

할 일 목록을 완수하는 것은 아이에게 약속을 지키는 중요성을 가르칩니다. 아이가 자신이 해야 할 일을 정하고 그것을 완수할 때, 자신과 타인에 대한 약속을 실천하는 법을 배웁니다. 이는 사회적 신뢰를 구축하고, 다른 사람들과의 관계에서 신뢰성 있는 인물로 인식되는 데 중요한 역할을 합니다. 또한 할 일을 완료함으로써 아이는 자신의 행동에 대한 책임을 집니다. 이는 실패하거나 기대에 못 미쳤을 때 그 결과에 대해 책임을 지고, 필요한 조치를 취하는 태도를 배우는 것과 연결됩니다. 이런 태도는 개인의 신용을 강화하며, 장기적으로는 경제적 신용도에도 영향을 미칠 수 있습니다.

STEP 4

기부 계획 세우기

내가 가진 것을 가치 있게 나누는 놀이로, 기부를 통해 자신이 가진 자산의 일부를 사회적인 좋은 일에 쓰도록 저축하는 방법을 배우며, 자산을 관리하는 기술을 키울 수 있습니다.

(발달영역)

기부, 자산 관리

정서 발달

사회성 발달

(추천연령) 4~7세, 초등 저학년

(난 이 도) ★★☆☆☆

(소요시간) 15분

(준 비 물) 종이, 펜

(기대효과) 기부를 함으로써 사회에 대한 이해와 타인에 대한 공감을 높일 수 있습니다.

(방　　법)
❶ 아이와 함께 기부할 곳을 정합니다. (예시를 참고하세요.)

❷ 해당하는 곳에 기부를 목표로 돈을 저축합니다.

❸ 돈이 어느 정도 모이면 아이와 함께 실제로 기부를 진행합니다.

❹ 돈이 아닌 다른 방법으로 할 수 있는 기부도 함께 알아봅니다.

아이와 함께 기부하는 방법

비영리/ 자선단체 기부	환경, 동물구호, 사회복지 등 다양한 분야의 자선단체에 기부합니다. 관심 있는 분야를 선택해 아이의 관심과 연결시키며 기부의 의미를 배웁니다.
물건 기부	더 이상 사용하지 않는 옷, 장난감, 책 등을 정리해 기부합니다. 아이가 직접 물건을 선별하고 왜 기부가 필요한지 이해하는 과정을 통해 배웁니다.
머리카락 기부	아이가 길러온 머리카락을 기부하여 환자들에게 가발을 제공할 수 있습니다. 이는 아이에게 자신의 행동이 타인에게 긍정적인 영향을 끼칠 수 있음을 보여줍니다.
종교단체 헌금	교회나 절 등 종교단체에 헌금을 함께 납부합니다. 이를 통해 아이가 신앙 공동체에 기여하는 방법을 배울 수 있습니다.
시간을 통한 기부	직접 봉사 활동에 참여합니다. 지역 사회 행사나 자원봉사를 통해 아이가 직접 시간을 기부하며 사회적 책임을 실천하는 방법을 경험합니다.
온라인 기부 참여	다양한 온라인 캠페인에 참여하여 소액 기부를 합니다. 아이가 관심 있는 주제를 선택하고, 온라인 기부의 안전성과 기부금의 사용처를 이해합니다.
지역 사회 행사 참여	바자회나 지역 행사에 참여하여 손수 만든 공예품이나 베이킹 제품 등을 판매하고, 수익금을 기부합니다. 팀워크와 공동체 기여의 중요성을 배웁니다.

➕ PLUS

경제 교육은 단순히 재정적 자립만 목표로 하는 것이 아닙니다. 사회적 책임과 공동체 의식을 함양하는 것도 중요한 목표입니다. 기부의 중요성은 아이들이 자신이 속한 사회에 필요한 것이 무엇인지 고민하게 하는 데 있습니다. 아이들이 자신의 이익을 넘어서 사회적 가치와 공공의 선을 고민하는 것은 사고방식에 중대한 전환을 가져오며, 리더십과 책임감을 기르는 데 기여합니다. 기부는 아이들이 돈의 가치와 그것을 사용하는 방법을 넘어, 그들의 행동이 지닌 사회적 영향을 이해하는 데 도움을 주는 경제 교육의 핵심 요소입니다.

STEP 4 주식 계좌 만들기

증권회사에 직접 방문하여 금융기관을 경험하는 놀이로, 주식을 사고파는 곳이라는 것을 배운 뒤 계좌 개설, 주식 투자도 실제로 경험할 수 있습니다.

(발달영역)

자산 관리

투자기초

사회성 발달

(추천연령) 4~7세, 초등 저학년

(난 이 도) ★★★☆☆

(소요시간) 30분

(준 비 물) 가까운 증권회사, 용돈

(기대효과) 증권회사가 어떤 일을 하는지 직접 가서 체험할 수 있습니다.

(방   법) ❶ 아이와 근처 증권회사를 방문합니다.

❷ 증권회사를 둘러보며 증권회사에서 어떤 업무를 볼 수 있는지 함께 알아봅니다.

❸ 아이 이름으로 된 주식 계좌가 없다면 아이와 함께 주식 계좌를 개설합니다.

❹ 가능하다면 그동안 모은 용돈으로 아이와 함께 주식 투자도 1주 정도 시작합니다.

➕PLUS

실제 증권회사를 방문하기 어렵다면 비대면으로도 자녀의 계좌 개설이 가능합니다. 금융위원회가 2023년 4월 '비대면 실명 확인 가이드라인'을 개편하면서 법정대리인인 부모가 자녀 명의의 계좌를 비대면으로 개설할 수 있게 되었습니다. 여러 증권사에서 '미성년자 비대면 주식계좌 개설 서비스'를 운영 중입니다. 가입 시 필요한 준비물은 증권사마다 차이가 있을 수 있으니 자세한 내용은 각 증권사에서 가입 절차를 확인하세요.

회사 로고 맞추기

다양한 회사의 로고를 보면서 어떤 일을 하는지 맞춰 보는 놀이로, 로고를 통해 각 회사들이 어떤 일을 하는지 기본 정보를 파악할 수 있습니다.

(발달영역)		(추천연령)	5~7세, 초등 저학년

투자기초

인지 발달

(난 이 도) ★★★☆☆

(소요시간) 15분

(준 비 물) 회사 로고 사진, 대표 상품 또는 서비스 사진, 색상지, 펜, 벨크로

(기대효과) 기업의 기본 정보 파악을 넘어, 미래의 주주로서 각 기업의 가치와 운영에 대해 고민해 볼 수 있습니다.

(방   법)

❶ 색상지에 왼쪽에는 '회사', 오른쪽에는 '제품/서비스'라고 씁니다.

❷ 준비한 회사 로고 사진과 대표 상품 사진을 잘라줍니다. ⟨307쪽 부록8 사용⟩

❸ 색상지와 각 사진 뒷면에 벨크로를 붙입니다.

❹ 아이와 함께 회사 로고에 맞는 대표 상품 또는 서비스를 나란히 붙입니다.

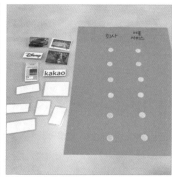

➕ TIP

향후 투자의 기초가 될 수 있게 상장한 국내외 기업으로 놀이하면 더욱 좋습니다.

금융기관 카드 뒤집기

다양한 금융기관이 어떤 일을 하는지 알아보는 놀이로, 그림과 매치하며 카드
놀이를 하는 과정에서 사고력 발달과 함께 아이의 집중력도 향상됩니다.

(발달영역)

금융기관

인지 발달

집중력 향상

(추천연령) 4~7세, 초등 저학년

(난 이 도) ★★★☆☆

(소요시간) 15분

(준 비 물) 금융기관 로고 또는 이미지, 컴퓨터, 프린터,
가위, 풀

(기대효과) 다양한 금융기관들이 어떤 차이가 있는지
각각의 역할을 알 수 있습니다.

(방   법) ❶ 인터넷에서 금융기관 이미지를 찾고, 각 기관에서 어떤 일을 하는지 카드 형태
로 만듭니다. < 309~313쪽 부록9 사용 >

❷ 카드를 다 편집했다면 출력합니다.

❸ 출력한 기관명과 기관의 역할을 앞뒤로 붙여줍니다.

❹ 아이와 함께 카드를 보며 각 기관의 역할을 알아봅니다.

⊕ PLUS

다양한 경제 용어로 그림카드를 만들 수도 있습니다.

이자& 금리	은행에 돈을 맡기거나 누군가에게 돈을 빌려주고 대가를 받는 돈이 이자입니다. 이 자를 계산할 때 받는 비율이 금리입니다.
예금& 적금	예금은 은행에 돈을 맡기는 것입니다. 언제든지 돈을 찾을 수 있습니다. 적금은 일 정기간 꾸준히 돈을 저금하고 나중에 한꺼번에 받을 수 있습니다.
주주	회사의 주식을 가진 사람입니다. 회사가 잘 되면 이익을 함께 공유합니다.
세금	우리가 도로, 학교, 공원, 병원 등 공공 서비스를 이용하기 위해 정부에 내는 돈입니다.
예산	돈을 어떻게 사용할지 미리 계획하는 것입니다.
신용	빌린 돈을 약속한 시간에 맞춰 갚을 수 있는 능력입니다.
기회비용	어떤 것을 선택하게 되면서 포기한 다른 것의 가치(금액)입니다.

내 물건의 회사 찾기

내가 좋아하는 물건을 어떤 회사에서 만드는지 알아보는 놀이로, 각 회사의 주력상품 및 서비스를 파악함으로써 기업 자체에 대한 이해와 향후 투자 결정의 기초가 됩니다.

(발달영역)

투자기초

인지 발달

집중력 향상

(추천연령) 6~7세, 초등 저학년

(난 이 도) ★★★☆☆

(소요시간) 20분

(준 비 물) 종이, 펜

(기대효과) 생산부터 소비까지 이르는 경제의 전체적인 흐름에 대해 이해하게 됩니다.

(방　　법) ❶ 아이가 좋아하는 물건이나 서비스 등을 적습니다.

❷ 해당 상품(또는 서비스)을 만드는 회사를 알아봅니다.

❸ 각 회사에 대해 아이와 함께 이야기를 나눕니다.

과자	빼빼로	롯데웰푸드
영화	겨울왕국	디즈니
연예인	BTS	하이브
신발	운동화	나이키
놀이	영상 보기	구글
놀이공원	에버랜드	삼성물산

⊕ PLUS

부모나 다른 가족 구성원이 좋아하는 제품의 회사도 함께 알아보세요. 가족 간의 소통과 협력을 증진시킬 수 있습니다. 이는 가족 구성원 각자의 취향과 관심사를 공유하며 서로를 이해하는 기회가 됩니다.

나만의 사인 만들기

아이가 직접 자신의 사인을 만들고 여러 가지 샘플 서류에 사인을 해보는 놀이로, 각 서류들이 어떤 내용인지 간접적으로 배우고, 서명의 중요성에 대해서도 학습할 수 있습니다.

(발달영역)

자산관리

소근육 발달

사고력 발달

(추천연령) 4~7세, 초등 저학년

(난 이 도) ★★☆☆☆

(소요시간) 20분

(준 비 물) 서류 샘플(계약서, 은행 서류, 부동산 서류 등),
종이, 펜

(기대효과) 각 서류와 관련된 책임감을 이해하며, 사회
적 역할을 자연스럽게 학습할 수 있습니다.

(방　　법)

❶ 아이가 직접 자신의 사인을 만들어보게 합니다. 종이에 여러 번 써보며 자신만의 사인을 완성합니다.

❷ 아이들 수준의 계약서, 은행 서류, 부동산 서류 등 다양한 서류 샘플을 준비합니다.

❸ 준비된 서류 샘플에 사인을 하고, 각 서류가 어떤 내용인지 간단히 설명합니다.

❹ 서명이 왜 중요한지, 서명을 할 때 어떤 책임이 따르는지 이야기를 나눕니다.

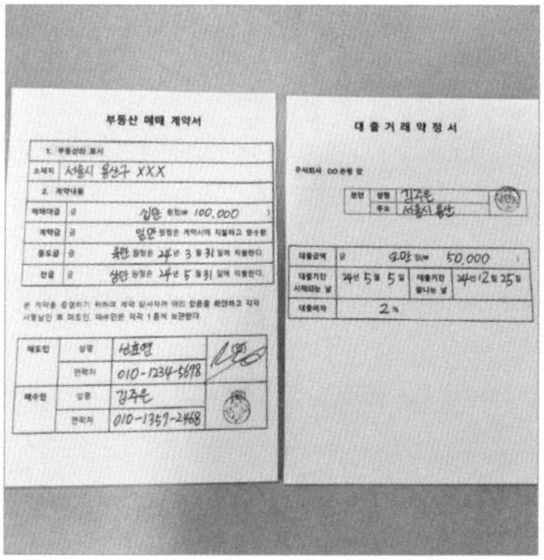

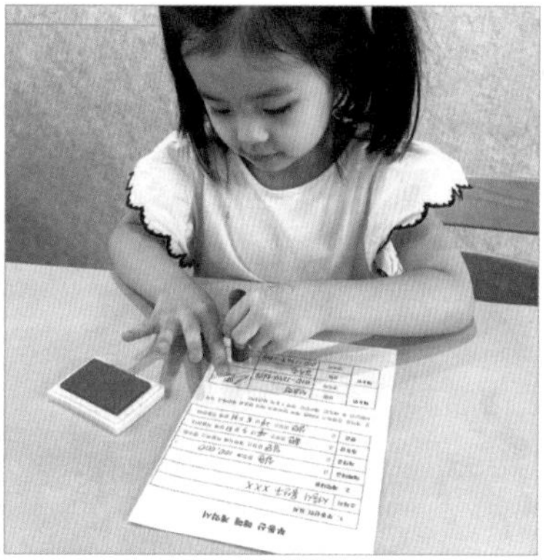

⊕ TIP

어린아이라면 사인 대신 아이의 도장과 스탬프를 활용하여 놀이할 수 있습니다. 아이들 수준의 간단한 서류를 만들기 어렵다면, 실제 서류를 구해 간단히 내용을 설명하고 서명하게 해도 좋습니다.

STEP 4 좋아하는 회사 소개하기

아이가 좋아하는 회사나 제품을 가족들에게 소개하는 놀이로, 자신의 생각을 명확하고 효과적으로 전달하는 의사소통 방법도 배울 수 있습니다.

(발달영역)

자기경영

투자기초

의사소통 능력

(추천연령) 6~7세, 초등 저학년

(난 이 도) ★★★★☆

(소요시간) 30분

(준 비 물) 종이, 펜

(기대효과) 자신이 좋아하는 회사나 제품의 경제적 측면을 이해함으로써 미래 투자 결정의 기초가 됩니다.

(방   법)
① 아이가 좋아하는 회사나 제품을 하나 선택합니다.
② 회사의 주력상품, 고객층, 경쟁 회사 등을 함께 정리합니다. (예시를 참고하세요.)
③ 가족들이 모인 자리에서 정리한 내용을 발표합니다.
④ 아이가 발표할 때 소개하는 회사의 제품을 챙겨서 보여주면 좋습니다.

예시

회사의 주력 상품이나 서비스	회사가 무엇을 만드는지, 또는 어떤 서비스를 제공하는지 설명합니다. 이 상품이나 서비스가 왜 특별한지 간단히 말해볼 수 있어요.
고객층	이 회사의 제품이나 서비스를 주로 누가 사용하는지 설명합니다.
경쟁 회사	비슷한 제품이나 서비스를 파는 다른 회사도 소개합니다. 이를 통해 아이가 시장에서의 경쟁 상황을 이해하고 비교할 수 있습니다.
회사 위치	회사가 어디에 있는지, 예를 들어 어느 도시에 본사가 있는지 소개할 수 있습니다. 만약 회사가 여러 나라에 지사를 두고 있다면, 그것도 말해볼 수 있어요.
회사의 역사	이 회사가 언제 어떻게 시작되었는지 간단히 설명합니다. 회사의 창립자는 누구인지, 어떤 목적으로 회사를 시작했는지 이야기해보세요.
왜 이 회사를 좋아하는지	아이가 이 회사를 왜 좋아하는지 자신의 생각을 말하도록 하세요. 이것이 아이가 자신의 의견을 표현하고 자신감을 기르는 데 도움이 됩니다.

➕ PLUS

아이가 선택한 회사의 실제 주식을 사주어도 좋습니다. 아이의 첫 주식을 샀다면, 주식증서를 만들어주세요. 계좌 속에 있는 주식은 아이가 명확하게 이해하기 어려울 수 있지만 실물 주식증서는 투자를 보다 직관적으로 알 수 있게 해줍니다.

(예시)

주식증서

주식종목
소유자

년 월 일   서명

부록

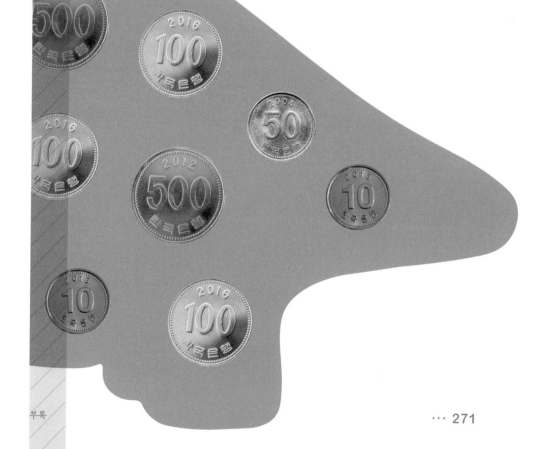

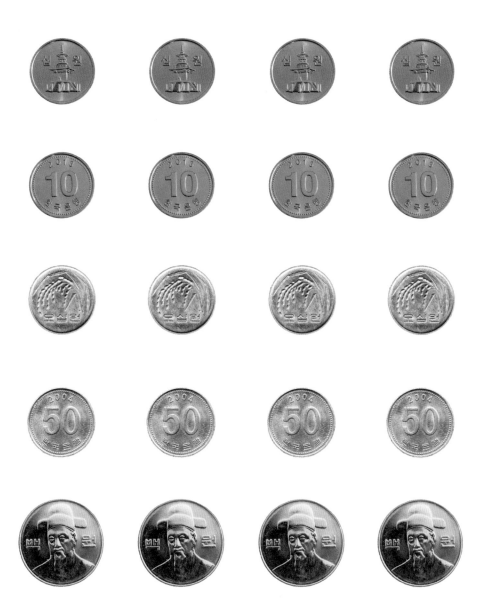

역세음성 서라잘

kakao

은행

KB 국민은행

IBK기업은행
참! 좋은 은행

우리은행

신한은행

증권회사

대신증권
Daishin Securities

MIRAE ASSET
미래에셋증권

키움증권

true friend 한국투자 증권

사람들이
돈을 맡기고
빌릴 수 있는
기관

사람들이
주식이나
채권 등을
사고 팔도록
도와주는 기관

보험회사

DB손해보험

KB손해보험

KYOBO 교보생명

meritz 메리츠화재

중앙은행

한국은행
BANK OF KOREA

사고나 병이
났을 때 도움을
받을 수 있게
돈을 모아두는
기관

나라의 돈을
관리하고
새로운 돈을
만들기도 하는
기관

금융감독원

국세청

은행이나
보험회사 등이
잘하고 있는지
확인하는 기관

사람들이
내야 할 세금을
모으고
관리하는 기관

머니 IQ가 쑥쑥 자라는
경제 놀이

1판 1쇄 인쇄 2024년 10월 15일
1판 1쇄 발행 2024년 10월 28일

—

지은이 신효연(금융팔로미)

—

펴낸이 김형씨
출판총괄 임형준
편집 안진숙, 김민정
디자인 호우인
마케팅 선민영, 조혜연, 임정재

—

펴낸곳 FIKA[피카]
주소 서울시 서초구 서초대로 77길 55, 9층
전화 02-3476-6656
팩스 02-6203-0551
홈페이지 https://fikabook.io
이메일 book@fikabook.io
등록 2018년 7월 6일(제2018-000216호)

—

ISBN 979-11-93866-15-3

피카 출판사는 독자 여러분의 아이디어와 원고 투고를 기다리고 있습니다.
책으로 펴내고 싶은 아이디어나 원고가 있으신 분은 이메일 book@fikabook.io로 보내주세요.